Nuno Maulide · Tanja Traxler
Die Chemie stimmt!

Für
Ermelinda Xavier Daniel Dias Maulide (1944-2018)
und
Wilhelm Traxler (1943-2019)

Nuno Maulide · Tanja Traxler

DIE CHEMIE STIMMT!

Eine Reise durch die Welt der Moleküle

Mit Illustrationen
von Kathrin Gusenbauer

Residenz Verlag

Bibliografische Information der Deutschen Nationalbibliothek
Die Deutsche Nationalbibliothek verzeichnet diese Publikation in der
Deutschen Nationalbibliografie; detaillierte bibliografische Daten
sind im Internet über http://dnb.dnb.de abrufbar.

www.residenzverlag.com

© 2020 Residenz Verlag GmbH
Salzburg – Wien

Umschlaggestaltung: BoutiqueBrutal.com
Umschlagbild: Aleksandra Pawloff
Grafische Gestaltung/Satz: BoutiqueBrutal.com
Illustrationen: Kathrin Gusenbauer
Lektorat: Maria-Christine Leitgeb
Gesamtherstellung: EuroPB sro

ISBN 978-3-7017-3505-1

INHALT

EINLEITUNG

Chemie hat in der Bevölkerung nicht den besten Ruf. Umweltverpestende Unfälle in Chemiefabriken, Treibhausgase in der Atmosphäre oder krebserregende Chemikalien im Essen haben das Image des Forschungsfelds nachhaltig beschädigt. Das einseitige Bild ist bedauerlich, werden doch oft die positiven Beiträge der Chemie für unser Leben vergessen: Sie ermöglicht die Ernährung der wachsenden Weltbevölkerung durch die Entwicklung künstlicher Düngemittel und die Herstellung von Medikamenten, Kunststoffen oder Hygieneprodukten, um nur einige Beispiele zu nennen. Zudem leistet die Chemie wertvolle Beiträge zur Lösung gesellschaftlicher Zukunftsfragen – im Großen wie im Kleinen. In diesem Buch wollen wir Sie dazu verführen, die Welt mit den Augen eines Chemikers oder einer Chemikerin zu betrachten. Das eröffnet einen neuen, faszinierenden Blick auf uns selbst und das, was uns umgibt.

Von einem besseren Image der Chemie würden nicht nur die Chemiker profitieren, sondern die Gesellschaft im Allgemeinen. Denn chemisches Un- oder Halbwissen führt bisweilen zu Entscheidungen, die für den Einzelnen oder gar uns alle nachteilig sind. Mehr dazu wollen wir Ihnen im Laufe dieses Buches näherbringen.

Wir, das sind Nuno Maulide, Professor für Organische Synthese an der Universität Wien, und Tanja Traxler, studierte Physikerin und Wissenschaftsredakteurin bei der Tageszeitung DER STANDARD. Wir haben einander 2014 kennengelernt, kurz nachdem Nuno den Lehrstuhl in Wien angetreten hat. Uns beiden liegt es am Herzen, mehr Menschen für die Naturwissenschaften zu begeistern, und hier geht es uns im Speziellen um die Chemie.

Wir haben dieses Buch gemeinsam geschrieben, an einigen Stellen tritt aber ein Ich-Erzähler in Erscheinung. Hie und da macht es die zum Teil doch sehr abstrakte Wissenschaft greifbarer, wenn man sie mit seiner persönlichen Geschichte verbindet. Ich, Nuno Maulide, wurde 1979 in Lissabon geboren. Als junger Mann war meine große Leidenschaft die Musik. Ich habe Klavier an der Musikhochschule in Lissabon studiert. In dieser Zeit habe ich erkannt, wie hart eine Karriere als Konzertpianist und wie einsam der Alltag von Profimusikern ist. Durch meine ausgeprägte soziale Ader hat mir beim stundenlangen Üben am Klavier der Kontakt mit Menschen gefehlt. So beschloss ich, einen anderen Weg einzuschlagen. Eher aus Ratlosigkeit denn von langer Hand geplant, entschied ich mich für die Chemie.

So richtig Feuer und Flamme fing ich für das Fach in meinem zweiten Semester in der Vorlesung zur Organischen Chemie. Diese beschäftigt sich mit Verbindungen, die auf Kohlenstoff basieren, und widmet sich damit den fundamentalen Bausteinen des Lebens. Als der Professor angefangen hat, verschiedene Strukturformeln auf die Tafel zu zeichnen, die Ihnen auch beim Lesen dieses Buches ab und zu begegnen werden, dachte ich mir: Das ist so schön, damit könnte ich mein Leben verbringen! Mich fasziniert bis heute, wie viele verschiedenartige chemische Verbindungen die Natur hervorgebracht hat und für welche unterschiedlichen Aufgaben sie einsetzbar sind.

Die chemischen Strukturen und ihre Funktionen sind wie eine Sucht für mich geworden. Ich konnte schon als junger Student ganze Abende damit verbringen, mich in die Welt der organischen Verbindungen zu vertiefen. Gleichzeitig war es mir auch immer ein großes Bedürfnis, mein Wissen mit anderen zu teilen. Es gibt kaum etwas Befriedigenderes für mich, als meinen Studierenden einen komplexen Zusammenhang verständlich machen zu können. Oder, wenn mir Menschen nach Vorträgen oder Fernsehauftritten schreiben, wie sehr sie sich freuen, etwas mehr von der Chemie verstanden zu haben.

Genau darin lag auch die Motivation für mich, dieses Buch zu schreiben, das sich vor allem an Menschen richtet, die sich noch wenig mit Chemie befasst haben und vielleicht noch gar nicht wissen, was sie ihnen zu bieten hat. Ich will meinen kleinen Beitrag dazu leisten, dass weniger Menschen die Nase rümpfen, wenn von Chemie die Rede ist, denn ich bin fest davon überzeugt, dass unser aller Leben von einem besseren Ruf des Fachs profitieren würde.

Das hat nichts mit einer blinden Wissenschaftsgläubigkeit zu tun, die alles, was aus einem Labor stammt, als höherwertig einstuft als naturbelassene Produkte. Im Gegenteil geht es mir darum, ein grundlegendes Verständnis für die Chemie zu vermitteln, damit man sachlich selbst besser abwägen kann, in welchen Bereichen mehr Chemie Sinn macht und in welchen nicht. Eine chemische Verbindung, die zu Recht aus Spraydosen verbannt worden ist, sind Chlorfluorkohlenwasserstoffe, besser bekannt als Fluorchlorkohlenwasserstoffe (FCKW) – mehr dazu später.

Mehr Chemie ist nicht immer die beste Lösung, aber es gibt auch sehr viele Beispiele, wo mehr Chemie unserer Gesundheit und dem Planeten Gutes tun würde. Neben praktischen Alltagstipps werden wir in diesem Buch auch einige futuristische, chemiebasierte Lösungsansätze, um der Klimakrise zu begegnen, diskutieren. Denn was den Klimawandel angeht, gibt uns gerade die Chemie entscheidende Möglichkeiten in die Hand, ein nachhaltigeres Leben zu führen.

Neben der Forschung begleitet mich auch die Musik bis heute, ich spiele beinahe täglich Klavier. In der Wissenschaft wie in der Kunst treibt mich die Suche nach Schönheit an – nicht nur, wie nützlich, sondern auch wie bezaubernd die Chemie sein kann, werden Sie hoffentlich beim Lesen dieses Buchs selbst entdecken können.

Wir beginnen unsere Reise durch die Welt der Moleküle bei uns selbst – bei dem, was wir zu uns nehmen, woraus unser Körper besteht und wie die Gesundheit unterstützt werden kann. Im nächsten Schritt beschäftigen wir uns mit der Herstellung von Nahrungsmitteln und dem universellen Material für Verpackungen und vielem mehr. Schließlich wenden wir uns dem besonders drängenden Problem des Klimawandels zu, und der Frage, wie wir angemessen auf die globalen Veränderungen reagieren können.

KLEINE LEGENDE
ZUM NACHSCHLAGEN

C   KOHLENSTOFFATOM

H   WASSERSTOFFATOM

O   SAUERSTOFFATOM

N   STICKSTOFFATOM

S   SCHWEFELATOM

P   PHOSPHORATOM

——   EINFACHBINDUNG
═══   ZWEIFACHBINDUNG
≡≡≡   DREIFACHBINDUNG

◯\   FREIES ELEKTRONENPAAR

◤   BEDEUTET IN MOLEKÜL-STRUKTUREN: NACH VORNE

∥∥   BEDEUTET IN MOLEKÜL-STRUKTUREN: NACH HINTEN

KAPITEL 1

CHEMIKALIEN IM ESSEN

Was hatten Sie heute zum Frühstück? Wenn es bei mir schnell gehen muss – und das ist morgens keine Seltenheit –, beschränke ich mich auf einen recht einfachen kulinarischen Start in den Tag: Er besteht hauptsächlich aus Wasser, Zucker, ein klein wenig Eiweiß und Fett, dazu verschiedene Ester, Aldehyde und Alkohole. Außerdem gibt es Riboflavin, Ascorbinsäure, Kalzium, Magnesium, Phosphor und Chlor. Anders gesagt: Ich esse einen Apfel.

Auf dem Weg zur Uni begegnen mir meist viele Menschen, die zur Arbeit eilen – oft mit einem Becher in der Hand. Um in die Gänge zu kommen, schlürfen sie heißes Wasser, in dem an die tausend verschiedenen Inhaltsstoffe herumschwimmen. Die für sie zweifellos wichtigste Zutat in diesem chemischen Cocktail ist ein Alkaloid aus der Stoffgruppe der Xanthine: Koffein. Während mein Gegenüber in der Straßenbahn genüsslich am Kaffee nippt, denke ich oft darüber nach, wie grundlegend die Chemie doch selbst in die einfachsten Bedürfnisse und Routinen unseres Lebens hineinspielt. Unsere physische Existenz basiert auf chemischen Prozessen, deren Komplexität und Genialität mich auch nach vielen Jahren in der Wissenschaft immer wieder aufs Neue zutiefst beeindrucken.

Die unglaubliche Vielzahl an chemischen Stoffen und Verbindungen, die uns und unseren gesamten Planeten ausmachen, können einen natürlich auch leicht überwältigen. Wie soll man angesichts von so viel Chemie noch den Überblick behalten, was unserer Gesundheit und unserer Umwelt guttut und was schädlich ist? Das gilt vor allem, wenn es um unser Essen geht – die Furcht vor schädlichen Inhaltsstoffen ist vermutlich so alt wie der Mensch selbst. Diese evolutionär begründete Angst kann nützlich und überlebenswichtig sein, leistet aber bis heute vielen Irrtümern und Mythen Vorschub.

Die Vorstellung, dass Chemikalien im Essen per se unnatürlich und zwangsläufig ungesund sind, ist erstaunlich weit verbreitet. Für eine Chemikerin oder einen Chemiker stellt sich die Sache grundlegend anders dar: Chemikalien in Nahrungsmitteln zu verteufeln, ist allein schon deswegen unsinnig, weil die Nahrungsmittel – so wie alles andere um uns herum – selbst aus chemischen Verbindungen bestehen. Der erwähnte Frühstücksapfel lässt sich von der Schale bis zum Kern in chemische Bestandteile zerlegen. Würde ich all diese Bestandteile im Labor künstlich erzeugen und in der gleichen Menge zu mir nehmen, in der sie in einer Frucht vorkommen, wäre das Ergebnis für meinen Körper exakt dasselbe. Anders gesagt: Wir konsumieren überhaupt nichts anderes als Chemikalien.

Das soll natürlich nicht heißen, dass jede chemische Verbindung gesund für uns ist. Die Europäische Union listet rund 8000 Substanzen, die Lebensmittel potenziell gefährlich machen. Dazu zählen Schädlingsbekämpfungsmittel ebenso wie manche Farb- und Aromastoffe, Tiermedikamente oder Plastik. Für die allermeisten Inhaltsstoffe unserer Nahrungsmittel gilt allerdings das, was der Schweizer Arzt Theophrastus Bombast von Hohenheim, besser bekannt als Paracelsus, im 16. Jahrhundert so treffend auf den Punkt gebracht hat:»Alle Dinge sind Gift, und nichts ist ohne Gift. Allein die Dosis macht's, dass ein Ding kein Gift sei.« Eindrücklich lässt sich Paracelsus' Erkenntnis an für uns lebenswichtigen Substanzen nachvollziehen. Denken wir zum Beispiel an Wasser: Obwohl der Mensch zu fast zwei Dritteln daraus besteht und wir unserem Körper täglich Wasser zuführen müssen, können wir in kurzer Zeit nur eine bestimmte Menge davon trinken. Wenn man auf einen Sitz mehr als fünf Liter Wasser trinkt, leiden darunter die Organe, vor allem die Nieren, was im Extremfall zum Tod führt. Bei Salz reichen für einen erwachsenen Menschen schon zehn Esslöffel, um einen lebenswichtigen Mineralstoff zur tödlichen Gefahr zu machen. Zum Glück würde das so ekelhaft schmecken, dass die Vergiftungsgefahr mit Salz extrem gering ist.

Alle Bestandteile unserer Nahrung sind also Chemikalien, und die Dosis macht das Gift. Das Wissen um die chemische Beschaffenheit von Nahrungsmitteln versetzt uns daher in die Lage, Qualität und Sicherheit ihrer Inhaltsstoffe wissenschaftlich beurteilen zu können. Dabei können wir auch unerwünschte Stoffe in Lebensmitteln identifizieren und deren Konsum vermeiden.

Ein Blick in die Bestsellerregale jeder Buchhandlung zeigt, dass viele Menschen großes Interesse daran haben, das Patentrezept für eine gesunde Ernährung zu finden: Diätratgeber und Ernährungsliteratur boomen. Wissenschaftlich gesehen, muss aber festgehalten werden, dass es so ein Patentrezept, das für jeden Menschen gleichermaßen empfehlenswert ist, nicht gibt. Wie gesund eine bestimmte Art der Ernährung ist, hängt ganz wesentlich von unserem individuellen Stoffwechsel ab. Es wäre daher unseriös, eine goldene Ernährungsregel zu präsentieren, die für jeden die optimale Diät für ein langes, gesundes Leben darstellt. Was wir aber tun können, ist, uns ein wissenschaftlich fundiertes Bild von Lebensmitteln und ihren Inhaltsstoffen und Funktionsweisen zu machen. Das kann uns dabei unterstützen, die für uns jeweils passende Ernährung zu finden.

WIR FÜRCHTEN UNS VOR DEM FALSCHEN

Beginnen wir mit der weitverbreiteten Furcht vor Chemikalien im Essen. »Das ist ja reine Chemie!«, denken viele Menschen, wenn sie die Inhaltsangaben diverser Lebensmittel lesen. Das stimmt natürlich – trifft aber auf die Himbeeren aus Omas Garten genauso zu wie auf die Tiefkühlpizza aus dem Supermarkt. Dass Tiefkühlpizza aber definitiv ungesünder ist als Himbeeren, liegt nicht daran, dass in der Pizza künstlich erzeugte Chemikalien zu finden sind und im Obst rein natürlich entstandene. Es liegt nur an der Menge und Art der jeweiligen Inhaltsstoffe. Daher ist es wichtig, zu unterscheiden, was in welcher Menge schädlich ist oder die Qualität eines Produkts beeinflussen kann.

Es ist das eine, auf akute Gefahren wie Vergiftungen rasch zu reagieren. Etwas gänzlich anderes und mit Blick auf die Ernährung häufig Relevanteres ist es aber, langfristige Risiken angemessen einzuschätzen. Wenn es um mögliche Gefahren geht, die mit einer gewissen Wahrscheinlichkeit in Jahren oder Jahrzehnten eintreten könnten, neigen wir bisweilen dazu, uns vor dem Falschen zu fürchten. Der Risikoforscher Ortwin Renn hat dafür den Begriff »Risikoparadox« geprägt.[1]

Eine unserer irrationalen Ängste betrifft beispielsweise, Opfer eines Terroranschlags zu werden. Obwohl die Wahrscheinlichkeit dafür für Menschen, die in westlichen Industrienationen leben, äußerst gering ist, treibt uns die Angst davor mitunter zu Entscheidungen, die wirklich mit erhöhten Risiken verbunden sind. Eine Studie, die in diesem Kontext gerne angeführt wird, betrifft die Terroranschläge in New York vom 11. September 2001. Aus Angst vor einer Flugzeugentführung sind in den darauffolgenden

Monaten viele US-Passagiere mit dem Auto statt mit dem Flugzeug gereist. Die Folge war ein signifikanter Anstieg des Autoverkehrs – und auch der tödlichen Unfälle auf US-Straßen. Insgesamt gab es in den drei Monaten nach den Anschlägen mehr Unfalltote, bedingt durch Autofahrer, die das Flugrisiko vermeiden wollten, als Opfer der Terroranschläge vom 11. September 2001.[2]

Was die Ernährung angeht, ist unsere Furcht vor dem Falschen besonders ausgeprägt. Viele Menschen betrachten beispielsweise argwöhnisch künstlich erzeugte Aromastoffe, die auf der Rückseite von Lebensmittelverpackungen angeführt sind, und versuchen, diese tunlichst zu vermeiden – auch wenn sie keine nachweislichen Gesundheitsrisiken darstellen. Andererseits scheuen sie nicht davor zurück, Substanzen, die bekanntermaßen schädlich sein können, wie Alkohol, Transfette oder Zucker, üppig zu konsumieren.

Um zu ergründen, mit welchen Chemikalien wir es bei unserem Essen zu tun haben, bedarf es zunächst einer kleinen Einführung in die Welt der chemischen Bausteine. Los geht's!

DER CHEMISCHE AUFBAU DER WELT

Wenn man die Welt durch die Brille der Chemie betrachtet, wird sichtbar, dass im Grunde alles um uns aus denselben Bausteinen besteht – den **Atomen**. Die Idee, dass alles aus Atomen gemacht ist, geht bis in die Antike zurück. Doch noch Anfang des 20. Jahrhunderts stritten sich Wissenschaftler darüber, ob Atome tatsächlich existieren.

Legendär sind beispielsweise die Auseinandersetzungen zwischen dem österreichischen Physiker Ludwig Boltzmann, der ein vehementer Fürsprecher des Atomismus war, und seinem Vorgänger am Wiener Lehrstuhl für Naturphilosophie, Ernst Mach. Mach pflegte Boltzmanns Überzeugung, dass Atome existieren, süffisant mit der Bemerkung »Ham's ans g'sehen?« in breitem Wienerisch abzutun. Einen wichtigen Beitrag zur Lösung des Streits leistete schließlich 1905 ein junger Angestellter des Berner Patentamts und noch weitgehend unbekannter Physiker: Albert Einstein. Er konnte die durch

HAM'S ANS G'SEHEN?

Mikroskopbeobachtungen bekannte sogenannte Brownsche Bewegung von kleinen Körnchen durch zufällige Stöße von Atomen oder Molekülen erklären. Damit war eine eindrucksvolle Lanze für den Atomismus gebrochen, den bald auch die Zweifler akzeptieren mussten. Inzwischen können wir Atome mit speziellen Mikroskopen detailliert beobachten.

Die altgriechische Wurzel des Worts Atom ist átomos, was unteilbar bedeutet. Mittlerweile ist allerdings klar, dass Atome aus noch kleineren Teilchen bestehen. Im Kern der Atome ist die Masse konzentriert. Er besteht aus elektrisch positiv geladenen Protonen und neutralen Neutronen, die ihrerseits aus noch kleineren Teilchen zusammengesetzt sind – den Quarks. Der Atomkern wird umgeben von negativ geladenen Elektronen.

Je nachdem, wie viele Protonen ein Atom hat, handelt es sich dabei um ein bestimmtes **Element**. Ungeladene Atome besitzen gleich viele Protonen wie Elektronen. Gibt es einen Überschuss oder Mangel an Elektronen, hat man es mit geladenen Atomen zu tun – sie werden **Ionen** genannt. Atome des Elements Wasserstoff bestehen beispielsweise aus einem Proton, einem Elektron und keinem Neutron. Heliumatome wiederum setzen sich aus zwei Protonen, zwei Neutronen und zwei Elektronen zusammen. Das Element mit der größten Anzahl an Protonen ist nach derzeitigem Stand Oganesson – es besitzt gar 118 Protonen, 176 Neutronen und 118 Elektronen. Sollte man Oganesson also unbedingt als Rekordhalter im Langzeitgedächtnis abspeichern? Nicht unbedingt, denn es ist wohl nur eine Frage der Zeit, bis ein Element entdeckt wird, dessen Atome noch mehr Protonen aufweisen.

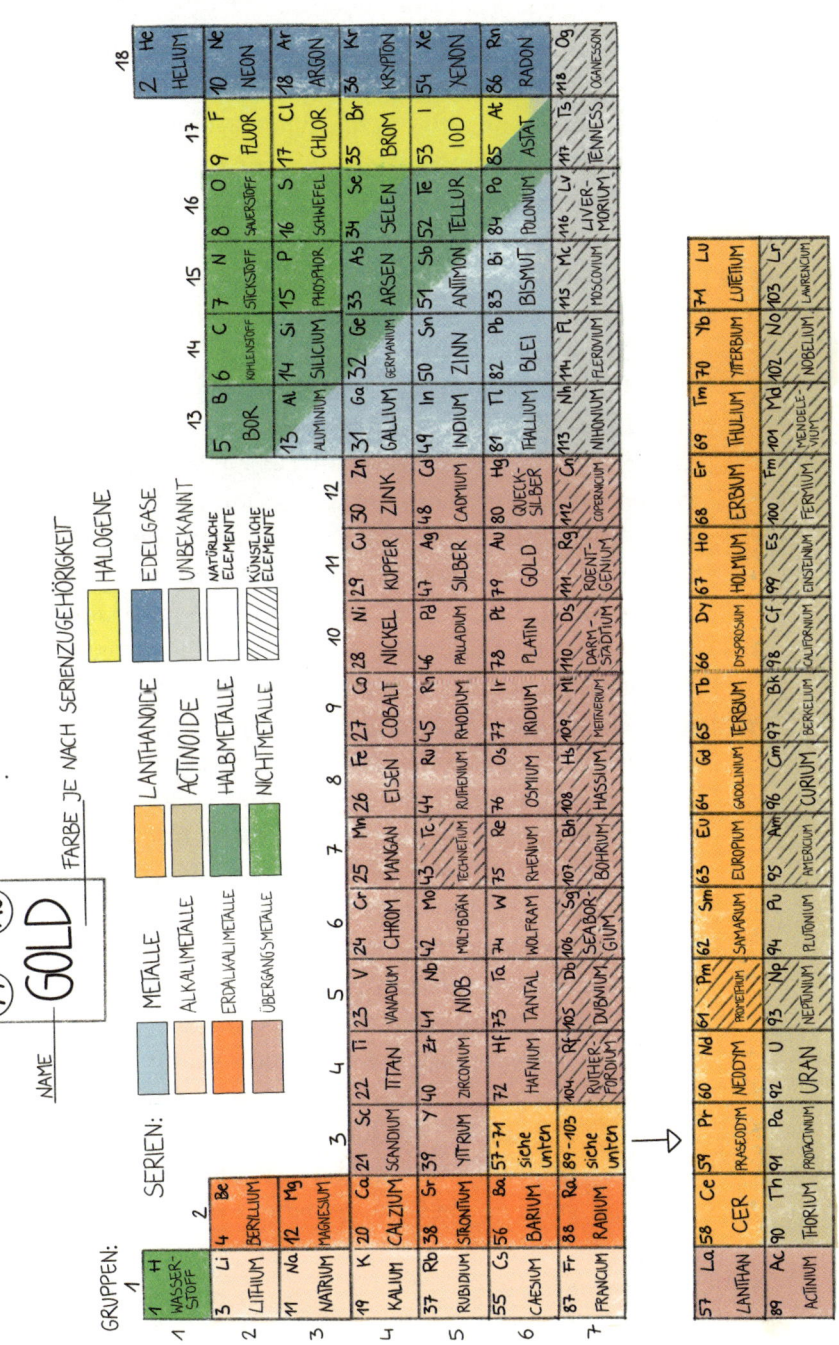

Schon im antiken Griechenland haben sich die Menschen Gedanken darüber gemacht, aus welchen Elementen oder Essenzen alles in der Welt besteht. Eine beliebte Vorstellung war damals, dass es vier Grundelemente gibt: Erde, Wasser, Luft und Feuer. Etliche griechische Denker stellten sich vor, dass alles Seiende aus einer Mischung dieser vier Elemente besteht – diese Ansicht kommt beispielsweise in den philosophischen Dialogen von Platon zum Ausdruck.

Ein anderes Thema, mit dem sich Platon intensiv in seinen Schriften beschäftigte, hat auf den ersten Blick wenig mit Chemie zu tun: Im Dialog *Symposion* unterhalten sich die griechischen Gelehrten und Schriftsteller ausführlich über Liebe und Erotik. Aristophanes erinnert die Runde daran, dass Eros die Kraft sei, die dem Menschen zum größten Glück verhilft. Ursprünglich seien die Menschen von titanischer Natur gewesen – kugelförmig, doppelköpfig, androgyn oder von zweifacher gleicher Geschlechtlichkeit. Doch wegen ihres Versuchs, sich mit den Göttern anzulegen, seien sie von Zeus gespalten worden.[3] Seitdem sehne sich jeder nach seiner verlorenen Hälfte. »Jeder von uns ist daher nur ein Teilstück eines Menschen«, wird Aristophanes von Platon zitiert, »da wir ja, zerschnitten wie die Schollen, aus einem zwei geworden sind. Jeder sucht demnach beständig sein Gegenstück.«[4] Liebe ist demzufolge immer Liebe zu etwas, sie bedarf also dessen, wonach sie sich sehnt.[5]

Man könnte sagen, dass Platon damit ein Grundprinzip allen menschlichen Strebens getroffen hat. Zugleich ist aber nicht von der Hand zu weisen, dass es in gewisser Hinsicht auch in der Chemie immer nur um das eine geht: Es dauerte beinahe 2000 Jahre, bis sich die Menschen von der Vier-Elemente-Lehre verabschiedet hatten und schließlich zur heutigen Vorstellung von Elementen fanden. Dafür gibt es einen offensichtlichen Grund: Wie wir heute wissen, kommen die Elemente selten in Reinform vor. In den allermeisten Fällen verbinden sie sich mit anderen Elementen. Sie gehen sozusagen Beziehungen ein, zu zweit, zu dritt oder zu Tausenden. Manche sind einander lange treu, andere bevorzugen Abwechslung. Sobald sich ein Gespann von Atomen eines oder mehrerer Elemente gefunden hat, spricht man von einem **Molekül**.

Moleküle können also aus Atomen eines einzigen Elements bestehen. Ein prominentes Beispiel dafür ist der für uns lebensnotwendige molekulare Sauerstoff O_2 – er setzt sich (richtig geraten!) aus zwei Sauerstoffatomen zusammen, die jeweils mit dem Buchstaben O abgekürzt werden. Doch das ist eher selten, in der Regel finden sich Atome unterschiedlicher Elemente zusammen. Und um zu Platons *Symposion* zurückzukehren, könnte man sagen, dass sie dabei ein bestimmtes Begehren verfolgen.

Das Bedürfnis, Bindungen einzugehen, hängt maßgeblich von ihren negativ geladenen Teilchen ab: den Elektronen. Sehr vereinfacht kann man sich vorstellen, dass die Elektronen den Atomkern in verschiedenen Abständen wie die Schalen einer Zwiebel umgeben. In der ersten Schale haben zwei Elektronen Platz, in jeder weiteren acht.

Es ist wichtig zu betonen, dass das Schalenmodell nur eine anschauliche Art ist, das Atom zu beschreiben. Auch wir Wissenschaftler kennen die letzte Wahrheit nicht. Wir können aber versuchen, Modelle aufzustellen, die unsere experimentellen Befunde möglichst gut beschreiben. Es gibt auch komplexere Modelle als das Schalenmodell, die noch näher an die Wirklichkeit heranreichen. Aber zur anschaulichen Erklärung taugt die Zwiebel allemal.

Um zu verstehen, warum Atome Bindungen eingehen, muss man wissen, dass alle Atome einen Tick haben: Sie wollen unbedingt ihre äußerste Schale mit Elektronen auffüllen. Damit das gelingt, schließen sie sich zu Molekülen zusammen und teilen sich gewissermaßen ihre äußersten Elektronen. Ein Beispiel: Bei Wassermolekülen H_2O teilt sich das Sauerstoffatom je ein Elektron mit den beiden Wasserstoffatomen – Letztere werden mit H abgekürzt. Wenn jeder Partner ein Elektron einbringt, spricht man von **Einfachbindung**. Durch diese zwei Einfachbindungen können sowohl die Wasserstoffatome wie auch das Sauerstoffatom ihre Bedürfnisse nach Elektronen befriedigen. Ein anderes Beispiel ist der molekulare Sauerstoff O_2. Hier trägt jedes der beteiligten Sauerstoffatome zwei Elektronen bei – in so einem Fall spricht man von einer **Doppelbindung** oder **Zweifachbindung**, die im Allgemeinen stärker als die vergleichbare Einfachbindung ist. Bei einer **Dreifachbindung** sind gar drei Elektronenpaare beteiligt, was sie stärker als die anderen Bindungen macht – mehr dazu später.

In der Chemie befassen wir uns selten mit den Elementen in ihrer reinen Form. Im Wesentlichen geht es uns um Reaktionen und die Verbindungen, die Atome miteinander eingehen. So manch einer würde daher so weit gehen zu behaupten, dass man die halbe Chemie in einem Satz, wie folgt, zusammenfassen kann: »Atome, denen auf ihrer äußeren Ebene Elektronen fehlen, werden tauschen, betteln, kämpfen, Bündnisse schmieden oder brechen und alles Erdenkliche tun, was nötig ist, um auf die richtige Anzahl zu kommen.«[6] Und genau dieser

Tauschhandel und Machtkampf der Elektronen findet tagtäglich in unserem Körper statt, wenn uns nach bestimmten Nahrungsmitteln gelüstet oder wir sie im Stoffwechsel verarbeiten. Okay, wahrscheinlich spielen auch noch ein paar andere Faktoren eine Rolle, aber immerhin eröffnet der chemische Blick auf unsere Teller einige erhellende Einsichten. Ich hoffe, Sie haben jetzt Appetit bekommen, mehr darüber zu erfahren.

TAUSENDE CHEMIKALIEN IM ESSEN

Ein zentraler Bestandteil unseres Essens sind **Kohlenhydrate**. Chemisch gesehen, sind Kohlenhydrate Substanzen, die aus ein oder mehreren Zuckermolekülen bestehen. Die einfachste Form von Kohlenhydraten sind sogenannte Einfachzucker, oder Monosaccharide, die aus einem einzigen Zuckermolekül bestehen. Dazu zählen Traubenzucker, unter Chemikern besser als Glucose bekannt, oder Fruchtzucker, der chemisch als Fructose bezeichnet wird. Sowohl Trauben- als auch Fruchtzucker besteht aus denselben Atomen, sie haben allerdings einen unterschiedlichen Aufbau. Man kann sich chemische Reaktionen ein wenig wie Legospielen vorstellen: Es gibt verschiedene Bausteine, die

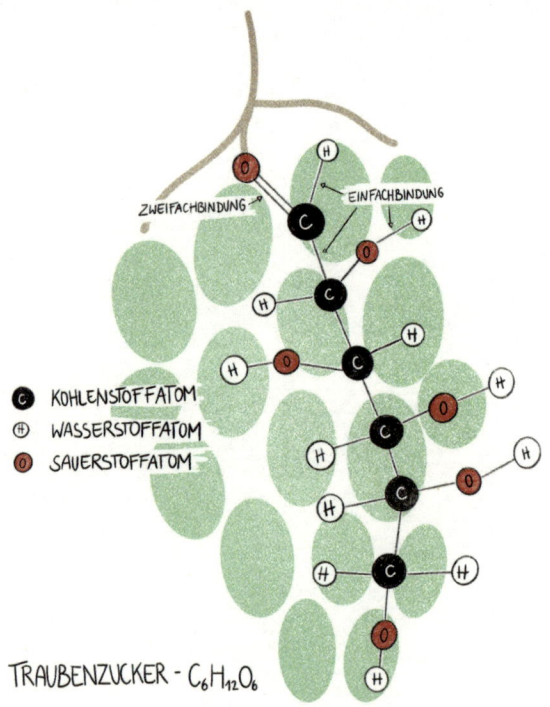

Atome, und wenn man gewisse Konstruktionsregeln befolgt, lassen sich mit ihnen verschiedene Strukturen, die Moleküle, zusammenbauen. So kommt es, dass man aus genau denselben Atomen zwei unterschiedliche Moleküle zusammensetzen kann.

Vereinfacht gesehen, lässt sich der menschliche Körper als eine Art Glucosemotor beschreiben: Traubenzucker ist das Molekül, um das sich in unserem Stoffwechsel alles dreht. Pro Tag verbraucht der menschliche Körper im Ruhezustand rund 200 Gramm Glucose, 75 Prozent davon benötigt allein das Gehirn. Glucose wird in unserem Körper zu einem Molekül mit dem Namen Adenosintriphosphat (ATP) umgewandelt, das sozusagen der universellste Energieträger in Zellen ist.

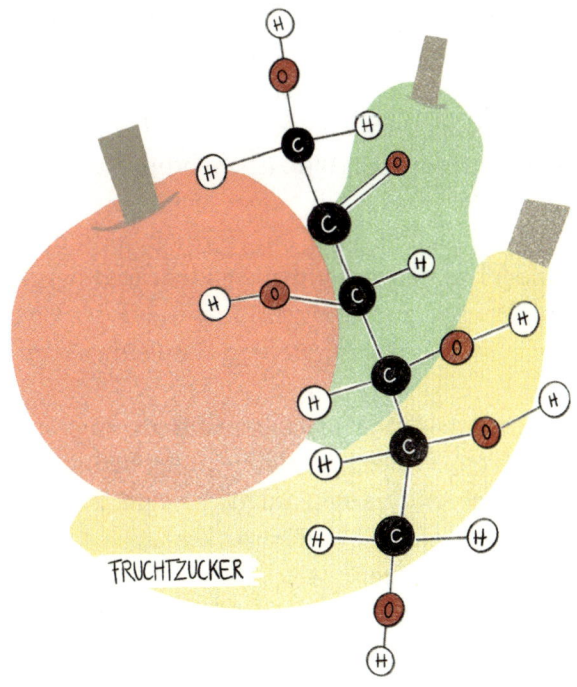

FRUCHTZUCKER

Über die Blutbahn werden alle Teile unseres Körpers mit Glucose beliefert, die bei Bedarf in ATP umgewandelt wird. Je nachdem, wie viel Glucose im Blut vorhanden ist, spricht man von einem hohen beziehungsweise niedrigen Blutzuckerspiegel. Ein zu hoher Blutzuckerspiegel schadet langfristig den Blutgefäßen, vor allem Organe wie die Nieren können Schaden nehmen. Das ist auch der Grund, weshalb Diabetiker, bei denen die Regulierung des Blutzuckers gestört ist, langfristig Nierenschäden erleiden können. Im menschlichen Körper sorgen zwei Prozesse dafür, den Blutzucker zu regulieren. Einerseits gilt es, den Blutzucker zu senken, wenn wir beispielsweise gerade gegessen haben, aber der Energiebedarf niedrig ist. In dieser Situation kommt das von der Bauchspeicheldrüse erzeugte Hormon Insulin zum Einsatz. Es sorgt dafür, dass Glucose aus der Blutbahn abgeleitet und in anderer Form auf Vorrat gelegt wird – als Kohlenhydratspeicher Glykogen in der Leber oder als Fett. Andererseits gibt es den gegenteiligen Prozess, durch den der Blutzucker erhöht wird. Das ist etwa erforderlich, wenn wir länger nichts gegessen haben, aber Energie benötigt wird. Ein Hormon sorgt dafür, Glykogen wieder in Glucose umzuwandeln und den Körper somit mit Energie zu versorgen. Erst wenn der Glykogen-Speicher aufgebraucht ist, werden die Fettreserven angetastet.

Neben den Einfachzuckern Glucose und Fructose gibt es noch eine Vielzahl anderer Kohlenhydrate, die aus mehreren Zuckermolekülen aufgebaut sind. Zwei Einfachzucker ergeben einen Zweifachzucker, auch Disaccharid genannt. Beispiele dafür sind die Saccharose, was die chemische Bezeichnung für unseren normalen Haushaltszucker ist, oder die in Milch enthaltene Laktose.

Noch längere Ketten von Zuckermolekülen werden als Polysaccharide bezeichnet. Bei Stärke oder Cellulose handelt es sich, chemisch betrachtet, um lange Ketten von Hunderten bis Tausenden Glucoseeinheiten. Um derart komplexe Gebilde verdauen zu können, verfügt unser Organismus über spezielle Enzyme, die die langen Ketten zerlegen können. Generell gilt: Je länger die Kette ist, desto weniger süß schmeckt die Substanz. Durch die Verdauung werden die Molekülketten allerdings gespalten, was auch der Grund dafür ist, weshalb Brot immer süßer schmeckt, je länger man es kaut.

Manche Kohlenhydrate wie Cellulose, die den Hauptbestandteil pflanzlicher Zellwände ausmacht, kann unser Körper allerdings nicht abbauen. Solche unverdaulichen Ballaststoffe haben aber dennoch ihr Gutes – sie regulieren unsere Darmtätigkeit.

Neben Kohlenhydraten braucht der Mensch noch fünf weitere Substanzen, um gesund zu bleiben: Proteine, Fette, Mineralstoffe, Vitamine und Wasser. Bleiben wir zunächst einmal bei den **Proteinen**, auch als Eiweiße bekannt. Chemisch gesprochen, bestehen Proteine aus Aminosäuren, die viele Funktionen und Aufgaben im menschlichen Körper erfüllen.

Was **Fette** angeht, haben sich einige chemische Fachbegriffe in der Alltagssprache eingebürgert: Die Bezeichnungen gesättigte und ungesättigte Fettsäuren oder Omega-3-Fettsäuren haben die meisten sicherlich schon einmal gehört. Auch wenn man nicht genau weiß, worum es sich dabei handelt, ist weithin bekannt, dass die mehrfach ungesättigten Fette gesünder sind als gesättigte und dass Omega-3-Fettsäuren essenziell sind für den Körper. Aber warum?

Beginnen wir der Reihe nach: Der Körper speichert Energie in Form von Fettsäuren in den sogenannten Fettzellen. Wie der Name schon sagt, bestehen diese hauptsächlich aus Fett. Bei einer Diät wird zwar der Fettgehalt in diesen Zellen abgebaut, nicht aber die Fettzellen selbst – sie werden nur kleiner bei lang anhaltendem Nahrungsmittelengpass. Das Fett im Körper hat mehrere Aufgaben – es dient als Energiespeicher ebenso wie als Wärmeisolierung oder als Schutz vor mechanischem Druck, etwa an der Ferse.

Es gibt unterschiedliche Arten von Fettsäuren, doch alle besitzen eine sogenannte Carboxylgruppe (diese besteht aus einem Kohlenstoffatom, einem Sauerstoffatom und einer Sauerstoff-Wasserstoff-Gruppe) und eine Kette von Kohlenstoffatomen, die mit Wasserstoffatomen geschmückt ist. Manche Fettsäuren haben Doppelbindungen (siehe Abbildung: Seite 41) zwischen den Kohlenstoffatomen der Kette – und genau das sind die ungesättigten Fettsäuren. Zwei Wasserstoffatome müssen für die Doppelbindung weichen, und an den doppelt gebundenen Kohlenstoffatomen hängt jeweils nur noch ein Wasserstoffatom – daher kommt auch die Bezeichnung »ungesättigt«. Weist eine Fettsäure sogar zwei oder noch mehr Doppelbindungen auf, wird sie als mehrfach ungesättigte Fettsäure bezeichnet. Fettsäuren ohne Doppelbindungen nennt man gesättigt.

Einige ungesättigte Fettsäuren können vom Körper nicht selbst erzeugt werden und müssen durch die Nahrung in ausreichender Menge aufgenommen werden. Dazu gehören Fettsäuren, deren Doppelbindung an einer bestimmten Position steht – man spricht dabei von Omega-n-Fettsäuren. Wenn man sich die Fettsäure so dreht, dass die Carboxylgruppe am Anfang steht, bedeutet etwa **Omega-3-Fettsäure**, dass die Doppelbindung an der dritten Stelle von rechts steht. Omega-3-Fettsäuren kommen in einigen Pflanzen, Samen und Nüssen vor, etwa in Leinsamen, Chiasamen, Walnüssen, Rapsöl, Sojaöl, sowie in verschiedenen Fettfischen, darunter Lachs, Sardellen, Makrelen, Sardinen oder Hering.

Wenn es um Ernährung geht, sind exakte wissenschaftliche Studien mit Menschen äußerst schwierig durchzuführen. Versuchspersonen potenziell ungesunde Nahrungsmittel über längere Zeit in großer Menge zu verabreichen, wäre ethisch mehr als bedenklich. Zudem geht mit Ernährung oft auch ein gewisser Lebensstil einher, der die Ergebnisse verzerren kann.

Um die Wirkung einer bestimmten Substanz auf Menschen festzustellen, sind sogenannte randomisierte kontrollierte Studien das Maß aller Dinge. Dabei ist einerseits zentral, dass es eine Kontrollgruppe an Personen gibt, denen die untersuchte Substanz nicht verabreicht wird. Andererseits ist eine Randomisierung wichtig, was heißt, dass die Versuchspersonen rein zufällig und unwissentlich in der einen oder anderen Gruppe landen und nicht einmal die Forscher wissen, wer welcher Gruppe angehört. Geht es ums Essen, sind solche randomisierten kontrollierten Studien natürlich schwer durchzuführen – die Leute wissen ja, was sie zu sich genommen haben, insofern können psychologische Effekte nicht ausgeschlossen werden.

Bei aller Vorsicht, mit der Ernährungsstudien zu genießen sind, ist es beachtlich, welche Vielzahl an positiven Effekten dem regelmäßigen Konsum von Omega-3-Fettsäuren attestiert worden ist: Vorbeugung von

FETTSÄUREN

OHNE DOPPELBINDUNGEN:

⭐ GESÄTTIGTE FETTSÄUREN

> BEI KOMPLEXEREN MOLEKÜLEN WIE DIESEN WERDEN NICHT ALLE WASSERSTOFFATOME (H) EXPLIZIT DARGESTELLT.

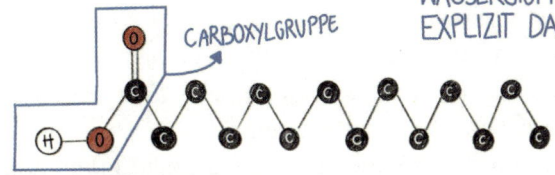

CARBOXYLGRUPPE

MIT DOPPELBINDUNGEN:

⭐ EINFACH GESÄTTIGTE FETTSÄUREN

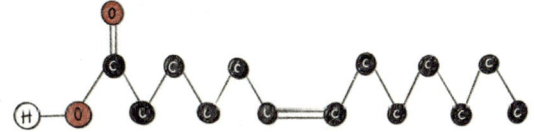

⭐ MEHRFACH GESÄTTIGTE FETTSÄUREN

OMEGA 3

⭐ TRANSFETTSÄUREN

Arterienverkalkung, Senkung des Blutdrucks, Steigerung der Wirksamkeit der weißen Blutkörperchen und Verringerung des Risikos für Alzheimer sind nur einige der Vorteile, die diesen Fettsäuren zugeschrieben werden. Doch eindeutige Belege dafür sind rar: In einer Überblicksstudie von 79 randomisierten kontrollierten Studien zu Omega-3-Fettsäuren aus dem Jahr 2018 konnten diese vielfältigen positiven Wirkungsweisen nicht nachgewiesen werden. Immerhin sind auch keine negativen Auswirkungen von Omega-3-Fettsäuren aufgefallen.[7]

Eine weitere Kategorie von ungesättigten Fettsäuren sind die Transfette. Auch diese besitzen eine Doppelbindung, doch im Vergleich zu jenen ungesättigten Fettsäuren, die wir zuvor besprochen haben, ist die Kettenstruktur bei Transfetten ab der Doppelbindung gedreht. Transfette kommen teilweise in der Natur vor, sie entstehen aber vor allem, wenn ursprünglich gesundes Pflanzenöl industriell gehärtet wird. So sind Transfette etwa in Margarine zu finden, aber auch in Pommes frites, Burgern oder Croissants. Im Gegensatz zu den anderen ungesättigten Fettsäuren wird ihnen keine gesundheitsförderliche Wirkung attestiert – im Gegenteil: Transfette werden offenbar von den Enzymen in unserem Verdauungstrakt weder erkannt noch aufgespalten. So werden sie über die Leber und das Blut entsorgt und erhöhen deren Fettwerte.[8]

Transfette stehen im Verdacht, die Risiken für Herzinfarkte oder Schlaganfälle zu erhöhen. Lange Zeit galten gehärtete Pflanzenöle wie Margarine als gesündere Alternative zu tierischen Fetten wie Butter. Mittlerweile wissen wir, dass Transfette die ungesündeste Fettart überhaupt sind. Wenn man auf gesunde Ernährung Wert legt, ist also ein Butterbrot eher zu empfehlen als Brot mit Margarine.

Die Weltgesundheitsorganisation WHO schätzt, dass jährlich rund 500 000 Menschen ihr Leben durch den Konsum zu vieler Transfette verlieren.[9] Nach einem Beschluss der Europäischen Kommission tritt daher 2021 ein neuer Grenzwert für Transfette in Nahrungsmitteln in Kraft.[10]

TOXISCHE SUBSTANZEN

Die Chemie kann uns auch dabei helfen, Substanzen, die für uns gefährlich sind, zu identifizieren und nach Möglichkeit zu meiden. Bereit für ein kurzes »Best of Böse« der Nahrungsmittelinhaltsstoffe?

Da wäre einmal die für den Menschen äußerst schädliche Substanz **Benzpyren**. Dieses Molekül, das aus Kohlenstoff- und Wasserstoffatomen besteht, entsteht dann, wenn organische Stoffe unvollständig abbrennen. Benzpyren kommt daher in Abgasen von Autos, in der Industrie oder in Zigarettenrauch vor. Bei der Zubereitung von

Essen wird Benzpyren vor allem beim Grillen oder beim Räuchern erzeugt. Dazu muss man wissen, dass Benzpyren als eine der am stärksten krebserregenden Substanzen gilt. Wer es regelmäßig einatmet oder isst, hat mit einem erhöhten Krebsrisiko zu rechnen.

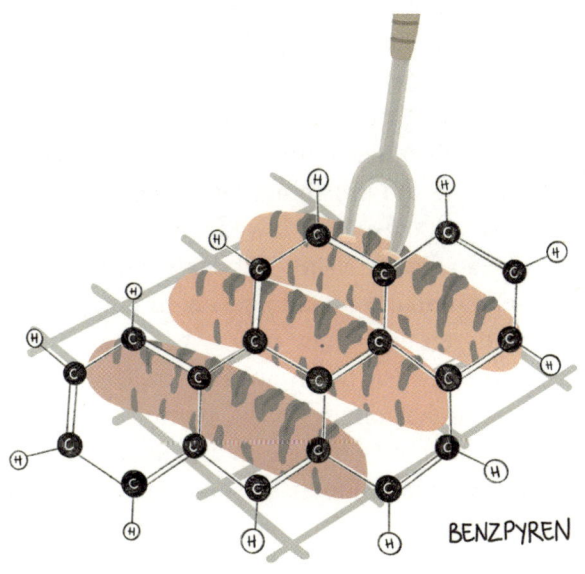

BENZPYREN

Beim Grillen kann Benzpyren geringgehalten werden, wenn ein Griller verwendet wird, in dem das Fleisch senkrecht hängt und so weniger Rauch abbekommt. Verbrannte Stellen von gegrilltem Fleisch oder Brot sollten besser abgeschnitten werden, egal, wie gut sie schmecken. Alternativ kann Fleisch oder anderes Grillgut auch in Alufolie auf den Griller gelegt werden. Zudem sollte man darauf achten, dass man erst mit dem Grillen beginnt, wenn nur noch Glut und kein rauchendes Feuer mehr vorhanden ist, um die Ablagerung von Benzpyren zu unterbinden.

Um noch einmal zur angemessenen Risikobetrachtung zurückzukehren: Wenn Sie zum Mittagessen ein Kotelett vom Holzkohlengrill, Bratkartoffeln und Cocktailsauce zu sich nehmen, stellen dabei mit ziemlicher Sicherheit nicht die künstlich erzeugten Aromastoffe in der Sauce das größte Gesundheitsrisiko dar. Viel eher sollten Sie sich über das Benzpyren im Fleisch Gedanken machen – oder über die Bratkartoffeln.

Acrylamid ist in seiner reinen Form ein weißes, geruchloses Pulver, das einen ziemlich harmlosen Eindruck macht. Acrylamid entsteht durch eine Reaktion von Glucose oder Fructose mit Eiweißbausteinen bei Temperaturen ab 120 Grad Celsius. Bei der Zubereitung von Essen kann Acrylamid etwa beim Backen, Braten, Rösten, Grillen oder Frittieren entstehen, und zwar umso mehr, je höher die Temperatur ist. Reich an Acrylamid sind etwa braungeröstete Bratkartoffeln, Chips, Pommes frites oder Toastbrot, es ist aber auch in Keksen und Kuchen enthalten. Die Substanz in der braunen Kruste, die vielen von uns gut schmeckt, hat einen enormen Nachteil: Wissenschaftliche Studien haben gezeigt, dass Acrylamid bei Tieren Krebs verursacht und Gene sowie Nerven schädigt.

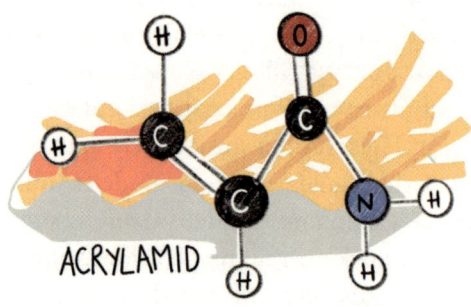

ACRYLAMID

Da die Risiken für Menschen bislang noch nicht genau erforscht worden sind, gibt es bislang noch keine gesetzlichen Grenzwerte, wie viel Acrylamid ein Lebensmittel enthalten darf. Anders gesagt: Es lässt sich nach derzeitigem Wissensstand kein Wert für die tägliche Aufnahme von Acrylamid angeben, bei dem es kein gesundheitliches Risiko gibt. Die Internationale Agentur für Krebsforschung der Weltgesundheitsorganisation WHO hat Acrylamid als wahrscheinlich krebserregend für den Menschen eingestuft. Diese Einschätzung wurde von der Europäischen Lebensmittelbehörde EFSA bestätigt.[11] Für den Konsum von Acrylamid gilt daher das ALARA-Prinzip: as low as reasonably achievable, auf Deutsch: so gering, wie mit vernünftigen Mitteln machbar.

Um möglichst wenig Acrylamid zu sich zu nehmen, hilft es, mit niedrigerer Temperatur zu braten und zu rösten. Auch entsteht beim Dünsten oder Kochen weniger Acrylamid als beim Rösten oder Grillen. Leicht getoastetes Brot ist gesünder als stark gebräuntes, und hellere Pommes frites sind eher zu empfehlen als dunklere. Auch Lebensmittelhersteller werden dazu angehalten, Nahrungsmittel mit möglichst wenig Acrylamid zu produzieren.

Eine weitere Substanz, die unserem Körper schaden kann, ist **Nitrit**. Die Stickstoffverbindung Nitrat ist von Natur aus im Boden. Sie wird auch von Bauern zum Düngen eingesetzt, um das Pflanzenwachstum zu beschleunigen. In Lebensmitteln oder im menschlichen Körper kann das harmlose Nitrat zum giftigen Nitrit umgewandelt werden.

Nitrit ist beispielsweise in Pökelsalz enthalten und damit in vielen Fleischwaren wie Salami, Speck, Schinken oder Geselchtem. Zu den besonders Nitrat-haltigen

Pflanzen zählen Blattspinat, Häuptelsalat, Vogerlsalat, Mangold oder Rucola. Werden diese Gemüsesorten und Salate lange warm gehalten oder wieder aufgewärmt, kann sich das Nitrat in Nitrit umwandeln. Über Düngemittel können Nitrate zudem ins Grundwasser gelangen und dadurch im Trinkwasser enthalten sein. Im menschlichen Körper wandelt Nitrit den roten Blutfarbstoff Hämoglobin in Methämoglobin um. Zweiteres kann keinen Sauerstoff binden, was zu Sauerstoffmangel in den Geweben führt. Bei erhöhten Methämoglobinkonzentrationen im Blut kann es durch Sauerstoffunterversorgung des Gehirns zu Verwirrtheit, Schwindel oder Bewusstseinsstörungen kommen. Für Babys ist die erhöhte Aufnahme von Nitraten und Nitriten besonders gefährlich – die Unterversorgung mit Sauerstoff kann lebensbedrohlich werden.

SINNESTÄUSCHUNGEN AUS DEM LABOR

Wie sich mit Chemie bisweilen die Sinne täuschen lassen, kann beispielhaft an der Banane gezeigt werden. Für den äußerst charakteristischen Duft dieser Frucht sind mehr als dreißig Aromastoffe verantwortlich. Doch in dieser Komplexität lässt sich auch ein Hauptverursacher ausmachen, und zwar Isoamylacetat. Diese Verbindung, die aus Kohlenstoff-, Wasserstoff- und Sauerstoffatomen besteht, tritt als Naturstoff in der Bananenpflanze auf, kann aber auch relativ einfach im Labor hergestellt werden. Als Zutaten braucht man dafür lediglich Isoamylalkohol, der etwa in Whisky oder Weinbrand enthalten ist, und konzentrierte Essigsäure. Weder Isoamylalkohol noch Essigsäure werden irgendjemanden an Bananen erinnern, und dennoch: Wenn man die beiden chemisch vereint, entsteht eine Substanz, die eindeutig an das beliebte Obst erinnert. Als Heimexperiment ist dieser Prozess aber dennoch nicht geeignet – es wäre schade um den Whisky, finde ich!

ISOAMYLACETAT

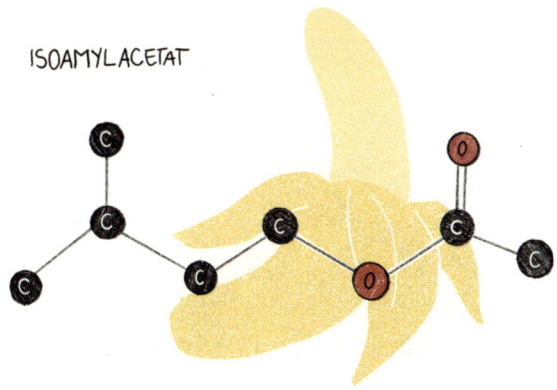

Freilich ist es viel einfacher, Isoamylacetat im Labor herzustellen, als das Molekül aus Bananen zu extrahieren, und letztlich handelt es sich um genau dieselbe Substanz. Dennoch haben künstlich hergestellte Aromastoffe in weiten Teilen der Bevölkerung keinen besonders guten Ruf. Vielfach besteht die Angst, diese könnten den menschlichen Körper schädigen. Doch wenn künstliches Isoamylacetat tatsächlich für den Menschen unverträglich oder giftig wäre – wofür es überhaupt keine empirischen Hinweise gibt –, so würde das genauso auch für in Bananen enthaltenes Isoamylacetat gelten.

Viele Aromastoffe von Früchten bestehen aus Estern. Das sind chemische Verbindungen, die etwa durch die Reaktion einer Säure mit einem Alkohol entstehen können. Die Ester von verschiedenen Fruchtaromen unterscheiden sich bloß darin, wie viele Kohlenstoffatome dem Molekül angehören. Wenn man beispielsweise den »Bananenester« Isoamylacetat um ein Kohlenstoffatom reduziert, entsteht dadurch Isobutylacetat, ein wesentlicher Aromastoff von Himbeeren.

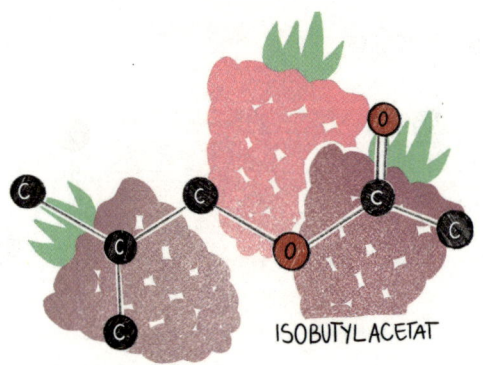

ISOBUTYLACETAT

Generell lässt sich sagen: Umso weniger Kohlenstoffatome ein Ester hat, desto intensiver der Geruch. Das hat mit dem Siedepunkt des Moleküls zu tun: Je größer das Molekül ist, umso höher der Siedepunkt und desto weniger geruchsintensiv ist es.

Chemische Prozesse sind auch dabei am Werk bei alldem, was Früchte überhaupt für uns genießbar macht – dem Reifen. Wenn Äpfel, Bananen oder Kirschen reifen, setzen sie dabei ein Gas mit dem Namen **Ethylen** frei. Dieses ist sowohl als Botenstoff innerhalb der Frucht aktiv, kann aber auch umliegende Früchte beeinflussen. Äpfel etwa geben relativ viel Ethylen ab, das heißt, wenn sie gemeinsam mit anderen Früchten gelagert werden, führt das dazu, dass diese schneller reif werden. In einer Frucht kommt es durch Ethylen zum Abbau von Chlorophyll, dem grünen Farbstoff in Pflanzen. Dabei werden Speicherstoffe in Zucker umgewandelt, wodurch Früchte süß schmecken, wenn sie reif sind.

Obst und Gemüse können mitunter auch Substanzen absondern, die eine chemische Reaktion bei uns Menschen auslösten. Ein Beispiel dafür ist der Tränenfluss, der durch Zwiebelschneiden angeregt wird. Doch wie kommt es dazu? Womöglich zum Schutz vor Fressfeinden enthalten Zwiebeln zwei chemische Substanzen, deren Kombination zur Bildung eines Reizgases führt. Einerseits ist das eine schwefelhaltige Aminosäure namens Isoalliin, die in der äußeren Schicht einer jeden Zwiebelzelle enthalten ist. Andererseits gibt es im Zellinneren das Enzym Alliinase. Wenn man eine Zwiebel aufschneidet, führt dieses Enzym dazu, dass die Aminosäure gespalten wird. Dabei entsteht ein Reizgas mit dem Namen Propanthial-S-oxid, das von feuchten Oberflächen angezogen wird. Wenn wir, über das Schneidbrett gebeugt, eine Zwiebel schneiden, sind das dummerweise unsere Netzhäute – ein Tränenfluss setzt ein, um die reizende Substanz schnell wieder loszuwerden.

Nun wissen wir zwar, warum uns Zwiebelschneiden zum Weinen bringt, doch viel mehr interessiert uns ja eigentlich, was dagegen unternommen werden kann. Die Beschaffenheit der Zwiebel lässt sich nicht so leicht ändern, doch was wir tun können, ist, dem Reizgas andere feuchte Oberflächen anzubieten, von denen es absorbiert wird. Wenn man sich beispielsweise ein feuchtes Handtuch über die Schultern wirft, bleibt man beim Zwiebelschneiden tränenfrei. Alternativ könnte man die Tränen auch mit weit herausgestreckter Zunge umgehen. Dann hat man allerdings einen merkwürdigen Geschmack im Mund – und provoziert verwunderte Blicke von Mitbewohnern.

° KAPITEL 2 °

DER KÖRPER ALS CHEMIEBAUKASTEN

Für mich beginnt ein guter Tag damit, dass ich in der Früh nicht gleich zu einem Termin muss, sondern mir zuvor noch die Zeit nehmen kann, ins Fitnessstudio zu gehen. Während die anderen Sportler ihre Züge in der Kraftstation zählen, ertappe ich mich immer wieder dabei, mich völlig auf die chemischen Vorgänge im Körper zu konzentrieren. Es gibt viele Menschen, die nur sehr wenig über ihren Körper wissen – woraus er besteht und wie er funktioniert. Chemie bietet uns einen einmaligen Zugang dazu, mehr über unseren Körper zu erfahren, ihn tiefer zu verstehen als zuvor. Es sind chemische und physikalische Prozesse, die es möglich machen, dass Ihr Herz schlägt, Sie Ihre Hand bewegen oder dieses Buch lesen können. Das Wissen um diese Abläufe versetzt uns auch in die Lage, ein besseres, gesünderes und womöglich sogar längeres Leben zu führen. Zudem ist es einfach faszinierend, sich vorzustellen, welche chemischen Vorgänge vonstattengehen, während man am Laufband seine Meter macht.

Wir haben bereits von der universalen Energiewährung des menschlichen Körpers gehört: **Adenosintriphosphat**, kurz ATP. Es handelt sich dabei um ein Molekül, das aus Kohlenstoff-, Wasserstoff-, Stickstoff-, Sauerstoff- und Phosphoratomen besteht:

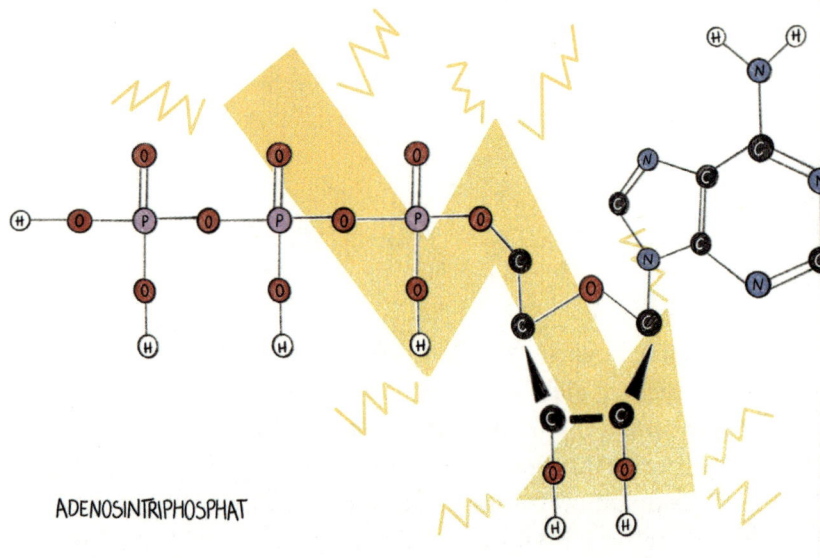

ADENOSINTRIPHOSPHAT

Wie die Zeichnung zeigt, enthält ATP drei Phosphatgruppen. Diese können in einer chemischen Reaktion mit Wasser nacheinander abgespalten werden, und dabei wird Energie freigesetzt. ATP wird in unserem Körper im Sekundentakt verbraucht und wieder produziert. Im Schnitt setzen wir pro Tag vierzig bis achtzig Kilogramm dieses Moleküls um.[12]

Muskeln bestehen, chemisch betrachtet, großteils aus **Proteinen**. Das ist auch der Grund, weshalb einige Sportler gerne Proteinshakes trinken – sie liefern ihrem Körper damit genau jenen Stoff, aus dem Muskeln gemacht sind. Chemisch gesehen, zeichnen sich Proteine durch sehr starke Bindungen aus. Dennoch sind sie verletzlich: Durch lang anhaltende Beanspruchungen wie beim Marathonlauf oder durch abruptes Stoppen von Muskelkontraktionen wie beim Tennis können die Muskelzellen geschädigt werden, und es bilden sich kleine

Risse. Dadurch kann Wasser in die Muskelzellen eindringen, und nach einiger Zeit (nach etwa 24 bis 36 Stunden) bilden sich kleine Ödeme. Die Muskelzellen schwellen durch die Wasseransammlung an. Bestimmte Zellen, Makrophagen, auch Fresszellen genannt, wandern zu den verletzten Stellen, um die Schäden zu reparieren. Diese Prozesse verursachen den charakteristischen Schmerz eines Muskelkaters, den man spürt, wenn man am Vortag intensiv gesportelt hat.[13]

Einige meiner Freunde im Fitnessstudio nehmen ein Nahrungsergänzungsmittel mit dem schwerfälligen Namen Branched-Chain Amino Acids (BCAA), auf Deutsch: verzweigtkettige Aminosäuren, zu sich. Unter Bodybuildern gilt es als ein Wundermittel für den Muskelaufbau – doch was verbirgt sich dahinter? Es handelt sich

dabei um die Aminosäuren Isoleucin, Leucin und Valin. Keine von ihnen kann vom Körper selbst hergestellt werden. Physiologisch betrachtet, sind diese Aminosäuren durch eine besondere Eigenschaft ausgezeichnet: Sie werden nicht wie andere Aminosäuren in der Leber verarbeitet, sondern gelangen großteils direkt in die Skelettmuskulatur. Dadurch wird der Aufbau von Muskelproteinen effektiv unterstützt. Den Branched-Chain Amino Acids werden noch weitere positive Effekte zugeschrieben, doch dazu ist die Forschung noch recht dürftig. Generell ist zu Nahrungsergänzungsmitteln zu sagen, dass sie in der EU im Gegensatz zu Lebensmitteln weniger strenge Anforderungen erfüllen müssen, bevor sie auf den Markt kommen. Auch darum wird empfohlen, derartige Kapseln, Pillen und Pulver, wenn überhaupt nur, in kleinen Mengen einzunehmen.

SAUERSTOFF, KOHLENSTOFF, WASSERSTOFF – DAS BIST DU

Es gibt kaum komplexere Systeme auf der Erde als den menschlichen Körper. Einer der großen Vorzüge der Chemie ist, dass sie dabei hilft, das Unübersichtliche zu ordnen, Überblick im Chaos zu wahren. So besteht unser Körper aus lediglich 25 Elementen – eine recht überschaubare Anzahl, wenn man bedenkt, wie viele verschiedene Aufgaben er erfüllt. In jedem Smartphone finden sich mehr Elemente, nämlich über 30.

Mit 56,1 Prozent macht Sauerstoff mehr als die Hälfte unseres Körpergewichts aus. Kohlenstoff rangiert mit 28 Prozent auf dem zweiten Platz. Zu 9,3 Prozent bestehen wir aus Wasserstoff. Das klingt vielleicht nicht besonders viel, aber wenn man bedenkt, dass Wasserstoffatome viel leichter sind als Kohlenstoffatome, ist es doch recht beachtlich. Es folgen Stickstoff mit zwei Prozent, Calcium mit 1,5 Prozent, Chlor und Phosphor (je ein Prozent). Die restlichen 1,1 Prozent entfallen auf die Elemente Schwefel, Eisen, Zink, Iod, Fluor, Kupfer, Magnesium, Kalium, Natrium, Selen und Cobalt.[14]

Wie man an den elementaren Hauptbestandteilen bereits erahnen kann, ist die wichtigste Verbindung im menschlichen Körper Wasser. Ein erwachsener Mensch besteht zu fast zwei Dritteln aus H_2O. Wasser dient als Lösungsmittel für eine Vielzahl chemischer Prozesse, die im Körper stattfinden, und es dient auch als Transportmittel.

Sauerstoff geht ganz unterschiedliche Verbindungen im menschlichen Körper ein. Mitunter finden sich auch zwei Sauerstoffatome zu molekularem Sauerstoff O_2 zusammen, und dieser spielt offenbar eine wichtige Rolle beim Altern: Laut einer gängigen Theorie entstehen beim

Stoffwechsel aus molekularem Sauerstoff in Zellen die sogenannten freien Radikale. Es handelt sich dabei um kurzlebige Fragmente von Molekülen, die sehr reaktionsfreudig sind und andere Moleküle im Körper, etwa Proteine oder die DNA, schädigen können. Was die Situation noch verzwickter macht, ist, dass die freien Radikale nicht nur schädlich sind, sondern auch absolut überlebensnotwendig: Der Körper produziert sie als Zwischenstufe, um überhaupt Energie aus der Nahrung aufnehmen zu können. Doch wir besitzen auch Schutzmechanismen, die die freien Radikale unschädlich machen – diese funktionieren aber leider nicht ganz fehlerfrei.[15]

Aus diesem Grund empfiehlt sich der Verzehr von sogenannten Antioxidantien – sie fangen die reaktiven Sauerstoffverbindungen ab und verhindern somit Zellschäden. Dazu zählt etwa Carotin, das beispielsweise in Karotten, Tomaten, Spinat, Salat, Orangen, Bohnen, Brokkoli oder Paprika vorkommt. Zu den Antioxidantien gehören weiters Vitamin E und Vitamin C, die in vielen Obst- und Gemüsesorten sowie in Getreide, Nüssen, Samen, Pflanzenölen, Milch und Eiern enthalten sind.

Auch der Alterungsprozess der Haut lässt sich auf einen Oxidationsprozess, also auf eine Reaktion mit Sauerstoff, zurückführen. Durch Sonneneinstrahlung, Zigarettenrauch oder Luftverschmutzungen bilden sich auch in der Haut freie Radikale, die sie schädigen und altern lassen.

Um den menschlichen Körper auf chemischer Ebene verstehen zu können, ist es hilfreich, den Blick auf die **Proteine** zu richten. Es handelt sich dabei um große Architekturen von Molekülen aus Kohlenstoff, Sauerstoff und Stickstoff. Ab und zu sind beispielsweise auch Schwefelatome dabei, aber großteils bestehen Proteine nur aus drei Elementen.

Was mich als Chemiker besonders an Proteinen fasziniert, ist ihre Struktur. Bis heute ist es eine ungelöste Frage in der Wissenschaft, weshalb sich Proteine auf eine bestimmte Art und Weise falten. Auch für uns Chemiker ist es nur sehr schwer vorherzusagen, wie sie sich falten. Doch wie sie letztlich gefaltet sind, ist entscheidend für ihre Funktionen. Daher ist es auch so problematisch, wenn Menschen hohes Fieber bekommen. Ab 39 Grad Celsius kann sich die Struktur der Proteine im Körper verändern. Teilweise kann dieser Vorgang nicht mehr rückgängig gemacht werden, und die Proteine verlieren damit für den Körper essenzielle Funktionen.

Zu den wesentlichen Aufgaben von Proteinen zählt, chemische Reaktionen zu ermöglichen, die im Milieu einer Zelle eigentlich gar nicht vorkommen oder extrem lange dauern würden. Bewerkstelligt wird das von einem bestimmten Typ von Proteinen – den **Enzymen**. Diese haben die Fähigkcit, an chemischen Reaktionen teilzunehmen, ohne dabei verbraucht zu werden. In der Chemie werden solche Stoffe als Katalysatoren bezeichnet.

Wie wir bereits im ersten Kapitel gehört haben, bestehen die Proteine selbst wiederum aus Molekülen, und diese werden **Aminosäuren** genannt. Im menschlichen Körper kommen 21 Aminosäuren vor, die sich durch ihre jeweilige Struktur und damit auch in ihren Funktionen unterscheiden.

Die Aminosäuren erfüllen in unserem Körper alle höchst unterschiedliche Aufgaben. Aminosäuren wie Glycin oder Glutamin dienen etwa als Botenstoffe im Nervensystem. Die Aminosäuren Lysin und Methionin bilden hingegen eine chemische Verbindung namens Carnitin, die für den Fetttransport im Körper zuständig ist. Ist zu

DIE 21 ESSENZIELLEN AMINOSÄUREN

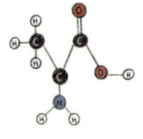

ALANIN

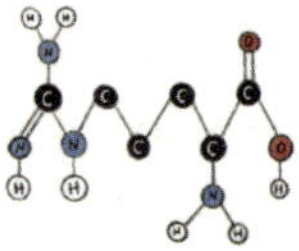

ARGININ

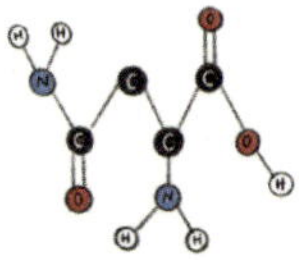

ASPARAGIN

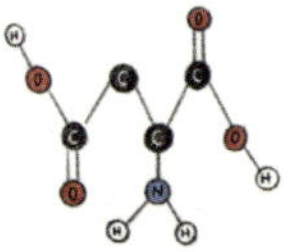

ASPARAGINSÄURE

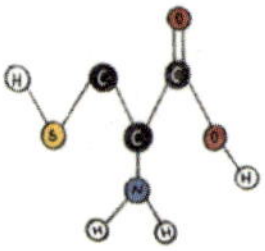

CYSTEIN

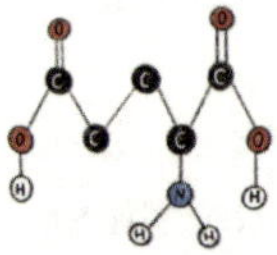

GLUTAMINSÄURE

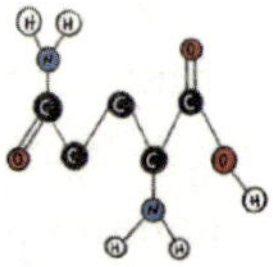

GLUTAMIN

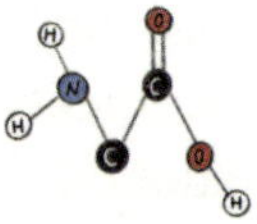

GLYCIN

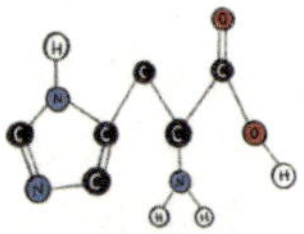

HISTIDIN

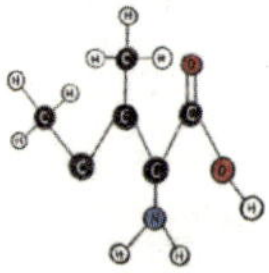

ISOLEUCIN

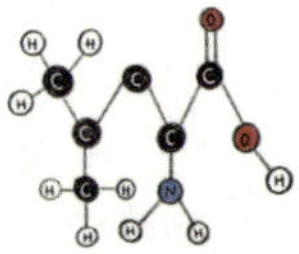

LEUCIN

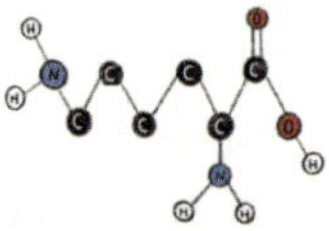

LYSIN

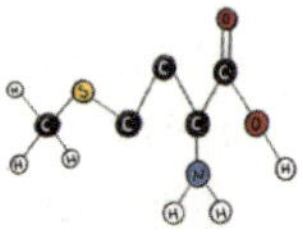

METHIONIN

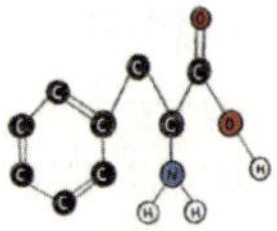

PHENYLALANIN

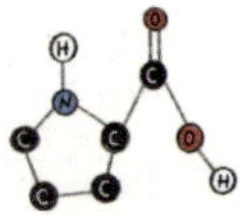

PROLIN

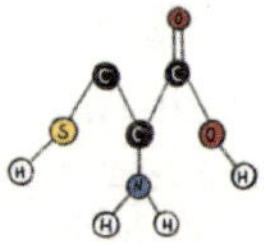

SELENOCYSTEIN

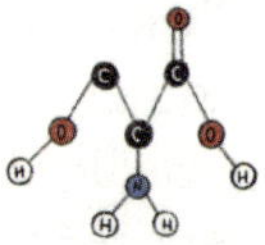

SERIN

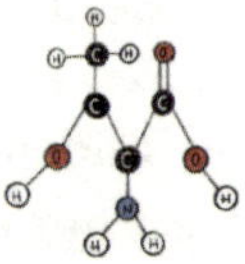

THREONIN

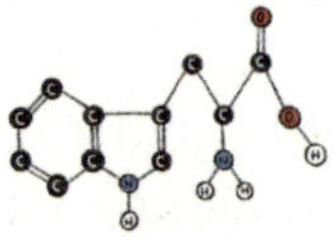

TRYPTOPHAN

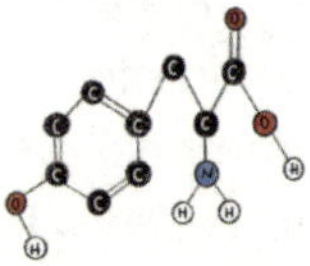

TYROSIN

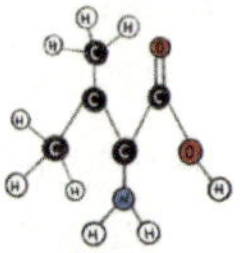

VALIN

wenig davon vorhanden, fehlt es dem Körper an Energie, und die Gehirnleistung wird beeinträchtigt.

Die Aminosäure Cystein wiederum ist in unseren Haaren zu finden – bei manchen häufiger, bei anderen seltener. Als Kind habe ich mich immer gefragt, weshalb meine Haare gelockt sind und die anderer Kinder nicht. Heute weiß ich, dass die Antwort darauf ganz einfach ist: Cystein. Denn diese Aminosäure besitzt eine Verbindung von einem Schwefel- und einem Wasserstoffatom. Wenn zwei Cysteinmoleküle nahe beieinander sind, können sich die Wasserstoffatome der Schwefel-Wasserstoffgruppen lösen. Die Schwefelatome der benachbarten Moleküle gehen dann eine neue Bindung ein – und genau dadurch lockt sich unser Haar.

Diese Locken-Verbindungen lassen sich übrigens auch leicht wieder auflösen, was jeder weiß, der schon einmal ein Glätteisen verwendet hat: Mit achtzig Grad Celsius lässt sich die Schwefelbindung lösen. Das ist ein reversibler Prozess: Nach einigen Stunden trägt die Verbindung zweier Cysteine ihr Übriges dazu bei, die Haare wieder zu locken. Eine dauerhaftere Methode, um die Haare glatt zu bekommen, sind chemische Glättungscremen. Im Prinzip können die Haare damit dauerhaft geglättet werden – bis sie nachgewachsen sind. Allerdings ist die Prozedur recht strapaziös für die Haare, womit dann womöglich doch Locken wieder die bessere Alternative sind.

Wenn wir schon bei den Haaren sind, wollen wir uns gleich auch der Frage widmen, wie eigentlich die unterschiedlichen Haarfarben erklärt werden können. Auch darauf gibt es eine Antwort aus der Chemie: Es gibt zwei Pigmente, die sich einen Wettkampf darum liefern, wessen Farbstoff sich durchsetzt. Beide sind Abkömmlinge desselben Polymers, und zwar Melanin. Bei Menschen führt diese chemische Struktur zur Färbung der Haare und der Haut, bei Tieren bestimmt sie auch die Fiederung und Farbe des Fells. Bestimmte Zellen, die Melanozyten, sorgen in der Kopfhaut dafür, dass die Pigmente Eumelanin (schwarzbraune Haarfarbe) und Phänomelanin (blonde oder rötliche Haarfarbe) gebildet werden, und während des Wachstumsprozesses der Haare werden diese Pigmente in die Haare eingebaut. Je dunkler die Haare, umso mehr überwiegt Eumelanin, bei hellem Haar dominiert Phänomelanin.[16]

Der menschliche Körper bedient sich auch allerhand chemischer Reaktionen, um sich vor Krankheiten zu schützen. Ein gutes Beispiel dafür ist unser Speichel. Pro Tag wird im Durchschnitt ein halber Liter Speichel von den Speicheldrüsen in der Mundhöhle gebildet. Der Speichel dient nicht nur dazu, die Schleimhäute feucht zu halten und die Verdauung zu unterstützen, er umfasst gewissermaßen auch eine chemische Reparaturmischung für kleinere Zahnschäden. So enthält Speichel 120 Milligramm an Calciumionen und 14 Gramm Phosphat pro Liter. Der pH-Wert von Speichel ist mit 6,8 beinahe neutral und bietet in unserer Mundhöhle die idealen Bedingungen, um Calcium und Phosphat wieder in unseren Zahnschmelz einzubauen.[17]

Mit pH-Wert sind wir soeben einem weiteren chemischen Fachausdruck begegnet, der fixer Bestandteil der Alltagssprache ist, ohne dass die meisten wohl ganz genau wissen, worum es sich dabei handelt. Mit dem pH-Wert wird bestimmt, wie sauer oder basisch eine wässrige Lösung ist. Ein pH-Wert von 7 ist dabei die neutrale Mitte – reines Wasser fällt in diese Kategorie. Eine Lösung mit einem pH-Wert kleiner als 7 zählt zu den Säuren. Die Magensäure hat beispielsweise einen pH-Wert von 1 bis 1,5 und unsere Hautoberfläche weist einen pH-Wert von 5,5 auf. Der Säureschutzmantel der Haut dient zur Abwehr von Krankheitserregern. pH-neutrale Waschmittel unterstützen den natürlichen sauren Charakter der Haut. Lösungen mit einem pH-Wert größer als 7 werden Basen genannt. Blut hat etwa einen pH-Wert von 7,4, der Saft der Bauchspeicheldrüse hat einen pH-Wert von 8,3.[18]

MIT HÄNDEWASCHEN LEBEN RETTEN

Während künstlich hergestellte Chemikalien im Essen bei vielen Menschen für Unbehagen sorgen, greifen die meisten von uns häufig und gerne zur Chemie, wenn es um die Pflege und Verschönerung unseres Körpers geht. Es gibt wohl kaum jemanden, der gerne auf Seife, Deo oder Haarshampoo verzichten möchte. Aber auch Make-up, Zahnpasta oder Nagellack sind reinste Wunderwerke der Chemie.

Bleiben wir doch gleich einmal bei der Seife. Heutzutage ist es für die meisten von uns eine Selbstverständlichkeit, sich regelmäßig die Hände zu waschen, besonders vor dem Essen oder nach dem Gang aufs WC. Mitte des 19. Jahrhunderts war das noch gar nicht üblich, auch nicht unter Ärzten. So war der österreichisch-ungarische Mediziner Ignaz Semmelweis im Wien der 1840er-Jahre Spott und Häme seiner Kollegen ausgesetzt, als er darauf hinwies, dass das Auftreten von Kindbettfieber mit mangelnder Hygiene der Ärzte zu tun haben könnte.

Damals galt es unter den Medizinern als Zeitverschwendung, sich mehrmals täglich die Hände zu waschen oder gar zu desinfizieren. Semmelweis ließ sich aber von seiner Vermutung nicht abbringen: Er mutmaßte, dass Ärzte Infektionen übertrugen, wenn sie zunächst beim Sezieren mit Leichen hantierten und anschließend Untersuchungen an Schwangeren und Neugeborenen vornahmen. Semmelweis machte Aufzeichnungen zum möglichen Zusammenhang zwischen den Hygienemaßnahmen des Krankenhauspersonals und den Todesfällen von Neugeborenen. So konnte er im ersten Fall von evidenzbasierter Medizin in Österreich zeigen, dass sich strengere Hygienemaßnahmen positiv auf die Überlebenschancen der Babys auswirkten. Zu Lebzeiten blieb Semmelweis die Anerkennung für seine bahnbrechende Entdeckung verwehrt, aber im Lauf der Zeit hat sich das Waschen und Desinfizieren der Hände dann zum Glück doch durchgesetzt.

Abseits der medizinischen Berufe lässt die Händewaschroutine allerdings bis heute oft zu wünschen übrig, wie aus wissenschaftlichen Untersuchungen hervorgeht. Bei vielen Infektionen, die im Alltag häufig vorkommen, etwa Erkältungen oder Magen-Darm-Entzündungen, können die Hände als Mikrobenschleudern eine unheilvolle Rolle spielen. Es kann aber auch gefährlich werden, wie ein britisches Forscherteam 2019 in einer umfangreichen Studie im Fachblatt *The Lancet Infectious Diseases* berichtete. Demnach könnten ungewaschene Hände sogar

ein größeres Risiko für multiresistente Infektionen mit Kolibakterien darstellen als verunreinigte Lebensmittel. Konkret untersuchten die Forscher, wie Infektionen mit resistenten Stämmen des Bakteriums Escherichia coli übertragen werden.[19]

E. coli ist ein Darmbewohner von Mensch und Tier und als solcher in wichtige Prozesse involviert. Allerdings gibt es auch viele pathogene Stämme, die zu den häufigsten Verursachern von Infektionskrankheiten beim Menschen zählen. Dass die Bakterien in den vergangenen zwanzig Jahren eine zunehmende Resistenz gegen Antibiotika aufgebaut haben, macht sie vor allem für geschwächte Patienten mitunter sehr gefährlich. Dazu werden wir uns im nächsten Kapitel noch mehr ansehen. Ob die resistenten Stämme, die zu Infektionen des Bluts führen können, eher über Lebensmittel aufgenommen oder von Mensch zu Mensch weitergegeben werden, war aber lange unklar.

Für ihre Studie entschlüsselten die Wissenschaftler das Erbgut resistenter Kolibakterienstämme aus unterschiedlichen Quellen, darunter infiziertes menschliches Blut, menschliche und tierische Fäkalien, rohes Fleisch, Obst und Salat. Wie sich zeigte, stimmten die genetischen Marker der Bakterien aus menschlichem Blut weitaus häufiger mit denen aus menschlichen Fäkalien überein als mit den Erregern aus Tierkot oder Lebensmitteln. Eine häufige Verbreitungsquelle liegt buchstäblich auf der Hand: mangelnde Waschdisziplin nach dem Toilettengang.

Das lässt sich auch mit Zahlen untermauern, wie eine 2019 veröffentlichte Untersuchung eines österreichischen Herstellers von Hygieneprodukten zeigt: Dabei wurde anonym aufgezeichnet, ob nach einem WC-Gang der Seifenspender betätigt wurde oder nicht. Das ekelige

Ergebnis: 78 200 registrierten WC-Besuchen standen nur 47 700 Seifennutzungen gegenüber.[20]

Um nicht nur Schmutz, sondern auch Krankheitserreger effektiv loszuwerden, ist nicht nur regelmäßiges Händewaschen wichtig. Auch auf die richtige Vorgangsweise kommt es an. Experten empfehlen, die Hände gut einzuseifen und zwanzig bis dreißig Sekunden lang unter fließendem Wasser zu waschen. Auch anschließendes Trocknen ist wichtig, da sich Keime in feuchten Milieus wohlfühlen.

Seife ist übrigens die älteste Substanz, die von Menschen gezielt als Waschmittel hergestellt worden ist. Dabei ist ihr Ausgangsstoff ziemlich überraschend: Fett. Schon seit etwa 5000 Jahren erzeugen Menschen aus Fetten mithilfe chemischer Behandlungen Seifen.[21] Heutzutage wird dafür meist Natronlauge verwendet – die übrigens auch im Drogeriemarkt erhältlich ist. Wenn man Öl mit Natronlauge vermischt, kann man sich auf dem Küchenherd auch sehr einfach selbst Seife herstellen – auch Altöl lässt sich auf diese Art wiederverwerten. Wer jetzt Lust bekommt, selbst zur Seifenproduktion zu schreiten, kann im Internet zahlreiche Videos finden, wo die Herstellung Schritt für Schritt vorgeführt wird.

Die Eigenschaften der jeweiligen Seife hängen davon ab, aus welchen Fetten sie besteht. Stellt man aus Fetten mit kurzen Kohlenwasserstoffketten, wie Kokos- oder Palmöl, Seifen her, haben diese eine hohe Waschkraft, sind aber ziemlich aggressiv für die Haut. Seifen aus langkettigen Fetten sind dagegen besser hautverträglich, entfalten aber nur beim Erwärmen ihre volle Wirkung.[22]

Die waschaktiven Substanzen einer Seife sind die Tenside. Wie man deutlich an ihrer Struktur sieht, sind

Tenside im Grunde nichts anderes als Fettsäuren, die wir zuvor besprochen haben. Was sie auszeichnet, ist, dass sie einen langen, wasserscheuen Schwanz und einen kleinen, wasserliebenden Kopf besitzen.

Kommen Tenside in Kontakt mit Wasser, stecken sie stets die Schwänze zusammen, um möglichst keine Wassermoleküle zu berühren. Wenn Schmutzteilchen im Wasser herumschwimmen, werden diese sofort von den wasserscheuen Tenside-Schwänzen eingehüllt, wodurch verhindert wird, dass sich diese wieder an die saubere Wäsche oder an die gewaschenen Hände heften.

Bis heute arbeiten Chemiker daran, immer neue Verbindungen zu entwickeln, die für Hygieneprodukte oder Waschmittel eingesetzt werden können. Ein Forschungsprojekt, das mich besonders beeindruckt hat, wurde in den vergangenen Jahren von der Bill & Melinda Gates Foundation in Afrika gefördert. Dabei ging es um Toiletten: Um Krankheiten vorzubeugen und das Risiko von Infektionen zu verringern, ist es essenziell, dass möglichst viele Menschen Zugang zu Sanitäreinrichtungen haben – und diese auch verwenden. Wie man vielleicht auch aus eigener Erfahrung weiß: Wenn eine Toilette verdächtig riecht, hat man keine Lust, sie zu verwenden. Um diese Barriere zu überwinden, förderte die Stiftung 2013 ein Projekt des Schweizer Aromen- und Duftstoffherstellers Firmenich, um ein Aroma zu finden, das übel riechenden Toilettengestank neutralisiert.[23]

Dazu musste zunächst freilich einmal der Geruch von stinkenden Toiletten analysiert werden. Um das zu tun, klapperten die Forscher unzählige öffentliche Toiletten ab, nahmen Geruchsproben und installierten chemische Sensoren. Ich bekam eine Ahnung davon, wie ekelig das ist, als mir angeboten wurde, an einigen der Geruchsproben zu riechen. Fäkalgeruch ist immer eine komplexe Mischung verschiedenster Substanzen – doch egal, wie er sich genau zusammensetzt, für uns riecht er immer extrem abstoßend. Mir ist aber aufgefallen, dass die Geruchsproben aus nordamerikanischen Toiletten viel schlimmer rochen als jene aus afrikanischen, was wohl damit zu tun hat, dass in den USA viel mehr verarbeitete Lebensmittel gegessen werden.

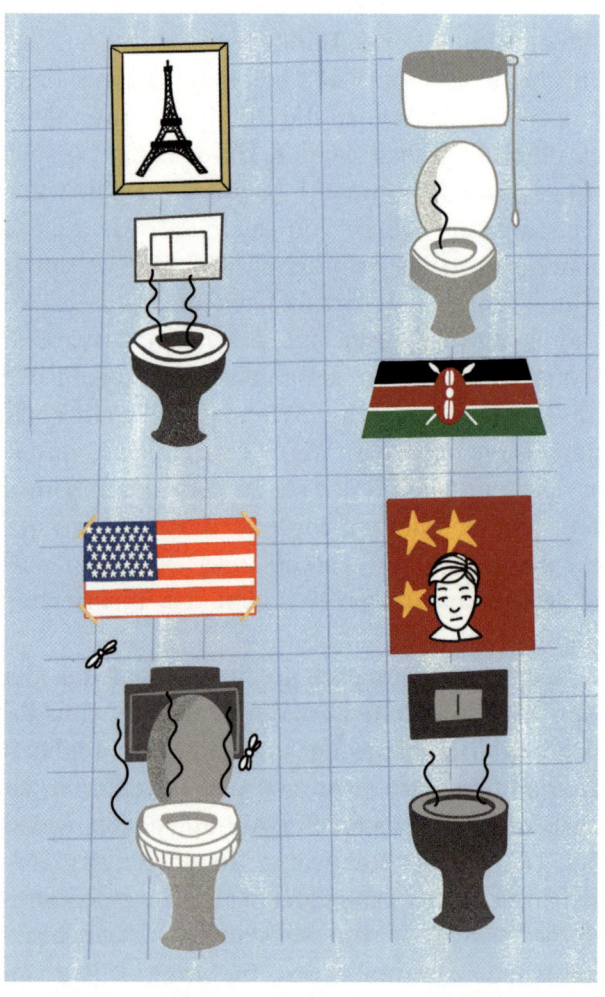

Im nächsten Schritt ging es im Projekt darum, einen »Gegenduft« zum Fäkalgeruch zu finden. Ich finde es bemerkenswert, wie einfach es ist, das Gehirn mit Gerüchen zu täuschen. Eine Toilette, die gut riecht, benutzen wir eher, auch wenn sie sehr schmutzig ist – das kann natürlich auch gefährlich sein, denn unser Geruchssinn warnt uns etwa vor gefährlichen Bakterien. Für mich ist das ein gutes Beispiel für die Macht der Chemie: Wir können chemisch analysieren, woraus Fäkalgeruch besteht, wir können mit der Chemie sogar ein Gegenmittel dafür finden, und unser Gehirn wird sich letztlich davon täuschen lassen.

Das Projekt zur Geruchsverbesserung von Toiletten ist nur ein Teil einer größeren Anstrengung der Gates-Stiftung, um saubere und sichere Sanitäreinrichtungen für mehr Menschen zur Verfügung zu stellen. Mangelnde Sanitäranlagen sind in einigen Teilen der Welt immer noch ein Hauptverursacher von Hygieneproblemen und Erkrankungen vor allem bei Kindern. Neuartige Toilettensysteme, die keinen Fließwasseranschluss benötigen, mit Solarenergie betrieben und chemisch desinfiziert und aromatisiert werden, können somit einen wichtigen Beitrag zur weltweiten Gesundheit leisten.

GEFÄHRLICHE FINGERNÄGEL

Eine Erfindung der Kosmetikindustrie, von der selbst ich als Chemiker die Finger lassen würde, sind Nagellack und künstliche Fingernägel. Nagellack besteht hauptsächlich aus Nitrocellulose (besser bekannt als Schießbaumwolle), Lösungsmitteln, Farbpigmenten sowie Harzen, Weichmachern und Glanzmitteln. Nitrocellulose ist zwar explosiv, allerdings erst bei zirka 3000 Grad Celsius – das ist also beim Gebrauch auf den Fingernägeln kein Problem.

Kritischer zu bewerten ist dagegen der Inhaltsstoff Formaldehyd, dem der Nagellack seine Härte verdankt. Es besteht der Verdacht, dass Formaldehyd nicht nur Allergien und Hautreizungen verursachen kann, sondern

womöglich sogar krebserregend ist. Seit dem 1. April 2015 wird Formaldehyd von der Europäischen Chemieagentur in der Verordnung 1272/2008 als »wahrscheinlich karzinogen beim Menschen« eingestuft.[24] Weiters wurden Nitrosamine wiederholt in Nagellacken nachgewiesen, obwohl sie in der EU verboten sind.[25] Abgesehen von den teils problematischen Inhaltsstoffen beeinträchtigt eine Lackschicht am Nagel auch die Regulierung seines natürlichen Feuchtigkeit- und Fettmilieus.

Auch künstliche Fingernägel sind keine besonders empfehlenswerte Alternative, wenn man unbedingt bunte Nägel haben möchte. Hantiert man mit offenem Feuer, kann sich ein künstlicher Fingernagel innerhalb von weniger als einer Sekunde entzünden.[26] Noch gefährlicher als Feuer sind allerdings Mikroorganismen. Wie wir bereits gehört haben, leben zahlreiche Mikroben auf unseren Händen, und rund vier Fünftel davon hausen unter unseren Fingernägeln. Der Großteil von ihnen ist völlig harmlos für uns, doch so manche Bakterien, Hefen und Pilze können zu ernsthaften Problemen führen. Durch Nagelverlängerungen verstärkt sich dieses Problem. Besonders wenn Ärzte und Angestellte im Gesundheitswesen künstliche Nägel tragen, kann das zum Ausbruch von Infektionskrankheiten führen.

So infizierten sich im Jahr 2004 Frühgeborene in einer Intensivstation in den USA mit dem Bakterium Klebsiella pneumoniae, das Lungenentzündung oder andere Infektionen auslösen kann. Wie sich zeigte, war das Bakterium unter der Nagelverlängerung einer Krankenschwester eingeschleppt worden. Einige Jahre zuvor waren 16 Patienten in Oklahoma City gestorben, nachdem sie sich im Krankenhaus mit dem Bakterium

Pseudomonas aeruginosa angesteckt hatten. Schuld waren auch in diesem Fall die Fingernägel zweier Krankenschwestern.[27]

Das sind freilich seltene Extrembeispiele. Im Normalfall bergen Nagellack und künstliche Fingernägel keine tödlichen Gefahren. So soll es natürlich jedem selbst überlassen bleiben, was er oder sie mit seinen Fingernägeln tut. Ich jedenfalls würde mir nicht etwas auf die Finger streichen wollen, was nicht einmal im Restmüll, sondern nur im Sondermüll entsorgt werden darf.

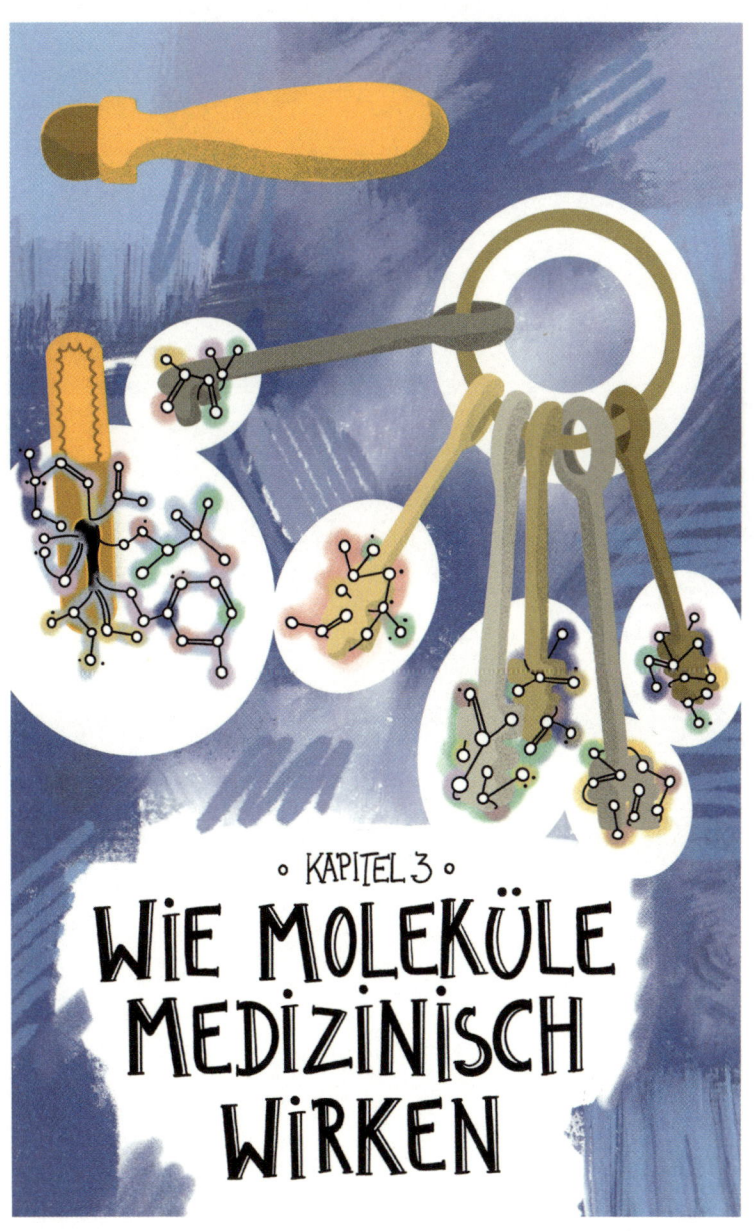

· KAPITEL 3 ·
WIE MOLEKÜLE MEDIZINISCH WIRKEN

Viele von uns, vermutlich sogar die allermeisten, wären ohne die chemische Forschung längst nicht mehr am Leben. Die Entwicklung von Pharmazeutika zählt zweifellos zu den bedeutendsten Beiträgen, die die Chemie zum Wohl der Menschheit leistet. Man muss sich nur vor Augen halten, wie sich dank wirksamer Medikamente so manche Krankheit in den Griff bekommen ließ, die noch in jüngster Vergangenheit ein Todesurteil bedeutete. Der beeindruckende Anstieg der menschlichen Lebenserwartung in den vergangenen Jahrzehnten ist wesentlich auf Entdeckungen und Entwicklungen von Chemikern und Chemikerinnen zurückzuführen.

Es ist faszinierend, dass wir dank der Chemie in der Lage sind, genau jene molekularen Strukturen zu identifizieren, die im menschlichen Körper Krankheiten heilen können. Vor allem in den vergangenen hundert Jahren sind in der Chemie verschiedene Pfade beschritten worden, um Menschenleben zu retten – sei es durch die Entwicklung von Arzneimitteln, Bestrahlungstherapien bei Krebserkrankungen, die Herstellung von Betäubungsmitteln oder die Synthese von neuen Materialien, die in den Körper eingesetzt werden können.

Bei der Entwicklung neuer Medikamente geht es im Prinzip immer nur um eines: Proteine. Die Pillen, die wir schlucken, sind dafür konzipiert, eine gewisse Protein-funktion entweder zu blockieren oder zu verändern. Was wir Chemiker also tun, ist, dass wir uns die Struktur der Proteine ansehen und dann nach einem Molekül suchen, das in diese Struktur hineinpassen könnte. Lange sind wir dabei nach dem Schlüssel-Schloss-Prinzip vorgegangen: Das Protein, dessen Funktion wir ausschalten oder verändern wollten, war unser Schloss. In der Forschung ging es darum, ein Molekül zu finden, das wie der passende Schlüssel dazu ist.

In den vergangenen zehn Jahren haben wir verstanden, dass das ein zu statisches Modell ist. Moleküle sind beweglicher, als man lange dachte – sie drehen sich ständig, daher passt ein Molekül-Schlüssel in sehr verschiedene Schlösser. Das Prinzip, das wir heute bei der Suche nach Wirkstoffen anwenden, nennt sich in der Fachsprache »dynamical induced-fit«. Es gilt, Moleküle zu finden, die sich mit ihrer gesamten Beweglichkeit in die Proteinstruktur einpassen. Da das Schlüssel-Schloss-Prinzip aber viel anschaulicher ist, werde ich im Folgenden immer wieder darauf zurückkommen. Es ist völlig in Ordnung, sich mit intuitiven Modellen das Leben einfach zu machen, man darf sie bloß nicht mit der Wirklichkeit verwechseln.

Das Grundprinzip bei der Suche nach Wirkstoffen ist immer noch dasselbe: Wenn jemand Schmerzen hat, will man ihm eine Substanz verabreichen können, die jene Proteine blockiert, die für das Schmerzgefühl zuständig sind. Wenn jemand zu viel Cholesterol produziert, will man jenes Protein ausschalten, das für die Produktion von Cholesterol zuständig ist und so weiter. Damit wird auch klar, warum wir mit Medikamenten oft nicht die Ursache einer Krankheit behandeln können, sondern nur die Symptome.

Die Wirkungsweise von Medikamenten hat mich schon als Kind interessiert. Mein Vater, der Arzt ist, hat mir und meinen Geschwistern immer viel darüber erzählt. Er hat auch immer großen Wert darauf gelegt, Medikamente nur dann einzunehmen, wenn es unbedingt notwendig war. Und daran halte ich mich bis heute. Wenn wir kleine Wehwehchen hatten, hat er uns manchmal nur Zuckerkügelchen »verschrieben«, die in Wahrheit keine medizinischen Inhaltsstoffe hatten. Doch weil wir fest daran glaubten, haben die Zuckerkügelchen immer gewirkt. Der Placeboeffekt lässt sich zwar nicht chemisch erklären, aber dass er funktioniert, haben wissenschaftliche Studien zweifelsfrei gezeigt.

Kehren wir zurück zu den medizinischen Wirkstoffen: Die wichtigste Inspirationsquelle, um sie aufzuspüren, sind sogenannte Naturstoffe. Es handelt sich dabei um Substanzen, die natürlicherweise in Pflanzen, Tieren oder Pilzen vorkommen. Beispielsweise können das spezielle Molekülverbindungen sein, die in den Rinden von Bäumen entstehen, Inhaltsstoffe von Blumen und Kräutern, die schon seit Jahrhunderten in der Volksmedizin genutzt werden, oder Substanzen, die von Schwämmen in der Tiefsee hervorgebracht werden. Doch worin besteht der Unterschied zwischen medizinischer Chemie und Kräuterkunde?

Obwohl die Ausgangsstoffe oft dieselben sind, gibt es einen entscheidenden methodischen Unterschied: Früher gab man sich in der Alchemie damit zufrieden, vom Hörensagen zu wissen, dass etwa bestimmte Baumrinden eine entzündungshemmende Wirkung haben. Obwohl es keine stichfeste Erklärung für die Wirksamkeit gab und keine genauen Vorgaben zur Dosierung, sind Kräuterrezepte und Ähnliches von Generation zu Generation weitergegeben worden. Eine exakte Reproduzierbarkeit ist so klarerweise nicht möglich: Auch die Rinden zweier Bäume derselben Art unterscheiden sich voneinander, so werden sich zwei daraus gewonnene Substanzen nie völlig gleichen. Überspitzt gesagt, lautete das Prinzip damals: Ich mische etwas zusammen, trinke es und hoffe, dass es funktioniert.

In der medizinischen Chemie verfolgen wir einen anderen Ansatz. Bevor ein neues Medikament zugelassen wird, müssen wir verstehen, wie es auf molekularer Ebene wirkt: Es gilt herauszufinden, welche Struktur ein bestimmter Wirkstoff hat und welche Prozesse er in unserem Körper in Gang setzt. Basierend auf diesem Verständnis der chemischen Hintergründe lässt sich genau bestimmen, welche Menge an Wirkstoffen vonnöten ist. Als Arzneimittel zugelassen werden Medikamente erst, wenn sie in klinischen Studien reproduzierbar bei ausreichend vielen Patienten ihre Wirksamkeit gezeigt haben – und keine zu großen Nebenwirkungen hervorrufen.

Bevor ein neues Medikament auf den Markt kommt, ist ein jahrelanger Forschungsprozess notwendig. Im Schnitt vergehen von der Entdeckung eines Wirkstoffes bis zum Verkauf des Arzneimittels in der Apotheke zehn bis zwölf Jahre. Viele Menschen betrachten die pharmazeutische Industrie mit Argwohn und schreiben ihr reine Profitgier zu. Das mag teilweise stimmen, doch eigentlich verfolgt die Pharmabranche hehre Ziele: neue Substanzen zu entdecken, die für die Behandlung von Krankheiten eingesetzt werden und somit menschliches Leid verringern können. Bedauerlicherweise kostet das eine Menge

Geld. Denn auf dem Weg zum marktfertigen Produkt sind zahlreiche Hürden zu nehmen: Tests im Reagenzglas, Tierversuche und schließlich klinische Studien. Nur eine von Millionen untersuchten Substanzen erreicht die Apotheke als marktfertiges Produkt. Alle anderen Substanzen werden im Laufe der Entwicklung aufgegeben, auch wenn man schon viel Forschungsarbeit und Geld in sie investiert hat. Eine Studie von US-Forschern kam 2016 zu dem Schluss, dass die Entwicklung eines neuen Medikaments bis zur Zulassung durch die US-Arzneimittelbehörde im Schnitt rund 2,5 Milliarden US-Dollar kostet.[28]

EIN FOLGENREICHER ZUFALLSFUND: PENICILLIN UND SEINE ANTIBIOTISCHEN VERWANDTEN

Ein besonders wichtiger Bereich der medizinischen Chemie, der unzählige Menschenleben gerettet hat, ist die Antibiotikaforschung. Vor hundert Jahren bedeutete eine bakterielle Infektion häufig ein Todesurteil. Aber heutzutage, dank **Penicillin** und seiner molekularen Verwandten, sind viele solcher Erkrankungen heilbar. Trotz der großen Erfolge bei der Entwicklung von Medikamenten in den vergangenen Jahrzehnten ist es aber nicht so, dass ständiger Fortschritt auch in Zukunft garantiert ist. Denn nach und nach gewöhnen sich die Bakterien gewissermaßen an unsere Behandlungsmethoden und werden dagegen immun – man spricht von resistenten Keimen. Doch bevor wir uns diesem Problem widmen, das in absehbarer Zukunft zu einer der größten Herausforderungen der Menschheit werden könnte, wollen wir zunächst einen Blick in die Vergangenheit werfen.

1928 legte Alexander Fleming, Bakteriologe am St. Mary's Hospital in London, eine Nährbodenplatte mit Bakterien namens Staphylokokken an. Der Sommer stand bevor, Fleming begab sich in den Urlaub und vergaß auf seine Platte. Als er wieder zurück ins Krankenhaus kam, sah er, dass sich auf der Platte ein Schimmelpilz gebildet hatte und sich in der Umgebung des Pilzes die Staphylokokken nicht vermehrt hatten.

Fleming nannte diesen Schimmelpilz *Penicillium* und konnte nachweisen, dass er eine ganze Reihe von Bakterien abtöten konnte und zugleich für Tier und Mensch ungiftig war. Zehn Jahre später gelang es den Forschern Ernst B. Chain, Howard Florey und Norman Heatley, den Wirkstoff Penicillin zu isolieren, der die Bakterien tötete.

MIT DEM PENICILLIN WAR ES SO WIE WENN MAN

EINEN SCHAL STRICKEN WOLLTE. MAN ARBEITET

STUNDEN UM STUNDEN AN IHM.

ABER ANSTATT EINES SCHALS ERSCHAFFT

MAN PLÖTZLICH ETWAS GROBARTIGES & VÖLLIG ANDERES!

Penicilline hemmen den Aufbau neuer Bakterienzellwände und stören damit die Vermehrung der Bakterien. In der Folge führten die Forscher Tierversuche an Mäusen durch, und 1941 wurde der erste Mensch mit Penicillin behandelt. Im Laufe der 1940er-Jahre wurde die Produktion von Penicillin immer stärker angekurbelt, bis es schließlich in jeder Apotheke erhältlich war.

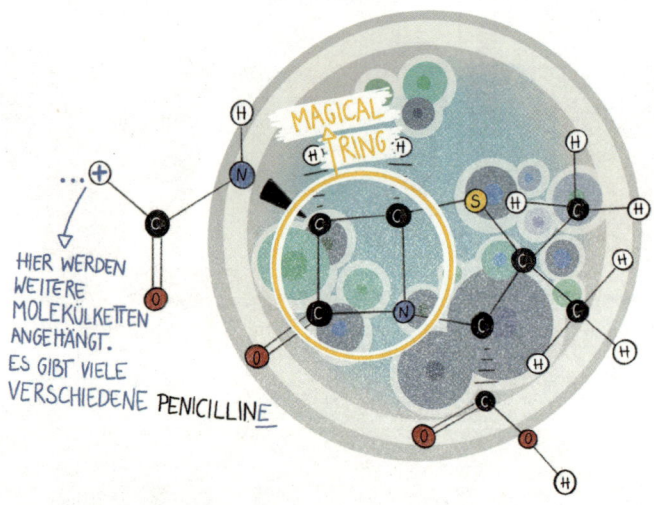

Vor der Entdeckung der Antibiotika starben zahllose Menschen schon durch kleinste Verletzungen an Infektionen oder an bakteriell verursachten Krankheiten wie Lungenentzündung oder Syphilis. Penicillin und die danach entwickelten Folgepräparate haben die Lebenserwartung der Menschen mit einem Schlag um Jahre erhöht.

Von der Entdeckung von Penicillin bis zur Aufklärung der chemischen Struktur sollte es einige Zeit dauern. Über Jahrzehnte hinweg haben viele Chemiker Vorschläge gemacht, wie die Atome in Penicillin angeordnet sein könnten, aber sie tappten im Dunkeln. Erst durch die Entwicklung einer neuen Technologie, der sogenannten Röntgenstrukturanalyse, die Mitte des 20. Jahrhunderts aufkam, war es schließlich möglich, das Rätsel zu lüften. 1945 ermittelte die Chemikerin und spätere Nobelpreisträgerin Dorothy Crowfoot Hodgkin erstmals die Struktur von Penicillin – zum großen Erstaunen der Fachwelt, denn der Viererring in der Mitte des Moleküls, der oben zu sehen ist, war etwas ganz Unglaubliches. Er ist auch unter dem Namen »Magical Ring« bekannt.

Die Entdeckung von Penicillin kann ohne Übertreibung als einer der bedeutendsten Durchbrüche der Medizingeschichte angesehen werden, und es ist erstaunlich, dass wir diese Entdeckung dem puren Zufall verdanken. Überhaupt spielt der Zufall eine große Rolle in der Entdeckung neuer Wirkstoffe, wie wir nun am Beispiel von Chinin sehen werden.

COCKTAIL GEGEN MALARIA

Ein Molekül, das mir besonders am Herzen liegt, ist **Chinin**. Natürlicherweise kommt dieser Stoff in der Rinde des Chinabaumes vor. Berühmtheit erlangte die Chinarinde, als die Gräfin von Chinchón während der spanischen Besetzung Südamerikas 1638 schwer an Malaria erkrankte. Schon damals war bekannt, dass diese tödliche Krankheit kuriert werden kann, wenn man die Rinde des Chinabaumes in Wasser kocht und dieses Wasser trinkt. Auch eine fiebersenkende Wirkung wurde dem Getränk zugeschrieben. Mit dieser Therapie soll die Gräfin geheilt worden sein.

Dieselbe Behandlung wurde bei vielen Menschen eingesetzt – mit großem Erfolg. Man kann sagen, dass es der erste Fall war, wo eine Krankheit nachweislich reproduzierbar durch einen Naturstoff kuriert worden ist. Die Wirksamkeit war allerdings umstritten, denn in manchen Fällen funktionierte die Behandlung nicht. Jahrhundertelang wusste man zudem nicht genau, welchen Wirkstoff die Chinarinde überhaupt enthält. Erst Anfang des 19. Jahrhunderts wurde dieser entdeckt: Chinin.

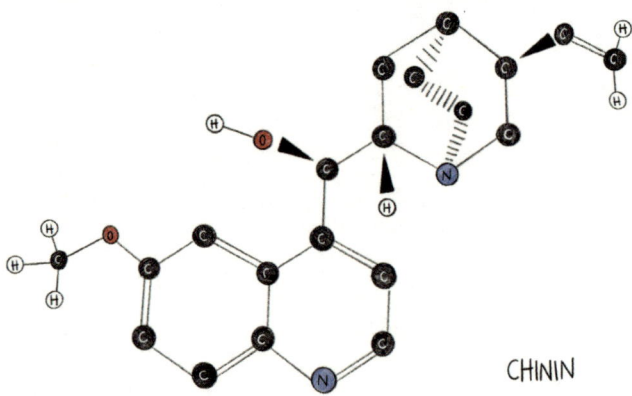

CHININ

Zu dieser Zeit machte die Malaria der britischen Armee in Indien schwer zu schaffen. Zum Schutz dagegen wurde den Soldaten Wasser verabreicht, das mit Chinin versetzt war – das sogenannte Tonic Water. Wegen seines extrem bitteren Geschmacks war Tonic Water trotz üppiger Beigaben an Zucker nicht besonders beliebt, und die Briten hatten ihre Schwierigkeiten damit, ihre Soldaten zu überzeugen, dieses in großen Mengen zu sich zu nehmen. Auch Plakatwerbungen, durch die die Männer dazu animiert werden sollten, mehr Tonic Water zu trinken, zeigten nicht die gewünschte Wirkung. Schließlich fand sich eine hochprozentige Lösung für das Problem: Die Soldaten begannen, Tonic Water mit Gin zu mischen – der Gin Tonic war geboren. Der Drink zählt bis heute weltweit zu den beliebtesten alkoholischen Mischgetränken, auch wenn sich die Geister scheiden, ob der Gin Tonic nun zu den Cocktails, Longdrinks oder Highballs zählt. Sogar im

britischen Königshaus soll das Getränk nahezu täglich gereicht werden – und das seit Generationen. Auch ich bin ein großer Fan von Gin Tonic – was natürlich nur mit seinen chemischen Eigenschaften zu tun hat. Der Chiningehalt von Tonic Water ist zwar viel geringer als noch vor 200 Jahren, aber er ist immer noch hoch genug, um Gin Tonic seine Fluoreszenz zu verleihen. Strahlt man ein Glas Gin Tonic im Dunkeln mit ultraviolettem Licht an, leuchtet der Drink bläulich. Ich hoffe, Sie vergessen nicht darauf, diesen Effekt nachzuprüfen, wenn Sie beim nächsten Mal auf einer Party sind, wo Gin Tonic ausgeschenkt wird.

Überhaupt finde ich, dass Chinin ein faszinierendes Molekül ist. Ich habe auch selbst mit meiner Gruppe daran geforscht, und wir haben ein modifiziertes Chininmolekül entdeckt, das sich im Versuch mit Mäusen als dreimal wirksamer gegen Malaria herausgestellt hat als Chinin selbst.[29]

Chinin zu synthetisieren gelang erstmals 1944 – der US-amerikanische Chemiker Robert B. Woodward, der schon als Schüler an dem Problem gearbeitet hatte, schaffte diesen Durchbruch gemeinsam mit William Doering.[30] Für mich ist Woodward einer der größten organischen Chemiker des 20. Jahrhunderts. Der Erfolg mit Chinin gelang ihm, als er noch nicht einmal dreißig Jahre alt war. Es war das erste Mal, dass über Chinin auf der Titelseite der *New York Times* berichtet wurde. Der Zweite Weltkrieg war noch im Gange, der Zugang zu Chinarinde war zu Kriegszeiten teilweise massiv eingeschränkt, die Malaria grassierte unter den Soldaten. So war es auch von sehr symbolischem Wert für die Amerikaner, dass sie Chinin nun selbst herstellen konnten – es war ein Etappensieg im Labor.

Bis ins 20. Jahrhundert war Chinin das wichtigste Mittel, um Malaria zu behandeln. Ich finde es bemerkenswert, dass die Chinarinde ein Molekül mit der Fähigkeit hervorbringt, den Malariaerreger im Menschen gezielt zu eliminieren. Hervorgerufen wird die Krankheit in Menschen von einzelligen Parasiten der Gattung Plasmodium – für den Baum selbst sind diese aber bedeutungslos. Möglicherweise schützt der Wirkstoff den Baum dennoch: Es wäre denkbar, dass Chinin schadhafte Insekten abhält. Wir Menschen sollten jedenfalls nicht so überheblich sein, anzunehmen, dass ein Baum aus reinster Menschenliebe ein medizinisch wirksames Molekül hervorbringt. Wahrscheinlich haben diese Moleküle für den Baum einen Zweck, den wir bloß nicht kennen, oder sie sind aus purem Zufall entstanden.

Inzwischen sind viele Malariaparasiten gegenüber Chinin resistent geworden. Doch glücklicherweise haben Chemiker inzwischen andere Wirkstoffe gefunden, mit denen Malaria erfolgreich behandelt werden kann, insbesondere, wenn man früh genug mit der Therapie beginnt. Malaria ist aber immer noch eine der häufigsten Infektionskrankheiten der Welt. Jahr für Jahr erkranken daran rund 200 Millionen Menschen – vor allem in den Tropen und Subtropen. Besonders bei Kindern kann die Krankheit rasch zum Tod führen. Schätzungsweise stirbt alle zwei Minuten weltweit ein Kind an Malaria. Forscher arbeiten daher mit Hochdruck daran, einen Impfstoff gegen Malaria zu entwickeln – aktuell befinden sich mehrere Kandidaten dafür in klinischen Tests und Pilotphasen.[31]

SUPERSTARS AUS DER RINDE

Auch das wohl bekannteste Arzneimittel der Gegenwart stammt ursprünglich aus der Rinde eines Baumes. Es handelt sich dabei um **Acetylsalicylsäure**. Ein naher chemischer Verwandter, die Salicylsäure, wird in der Rinde von Weiden gebildet. Besser bekannt ist der Wirkstoff vermutlich unter dem Markennamen, unter dem er seit über hundert Jahren gehandelt wird: Aspirin.

Schon in der Antike vertraute Hippokrates von Kos (460–377 vor unserer Zeitrechnung) auf die schmerzlindernde Wirkung von Weidenrindensaft. Auch im Mittelalter wurde dieser gegen Schmerzen oder Fieber eingesetzt. Bei Erkältungen, Rheuma oder Gicht wurden zudem Mädesüß oder Stiefmütterchen verwendet. Auch diese Pflanzen enthalten Wirkstoffe, die Abkömmlinge der Salicylsäure sind.[32]

Nach der Entdeckung Amerikas geriet die Heilkraft der Weidenrinde zunehmend in Vergessenheit. Aus der Neuen Welt wurde in großem Stil Chinarinde nach Europa importiert und bei Fieber und Unwohlsein als Mittel der Wahl eingesetzt. Das änderte sich erst Anfang des 19. Jahrhunderts durch Napoleons Seeblockade, die Chinarinde in Europa zum raren Gut werden ließ. Die Weide sollte eine Renaissance erleben.

1828 unterzog Johann Andreas Buchner, ein Pharmazieprofessor in München, die Weidenrinde einer wissenschaftlichen Untersuchung. Es gelang ihm, gelbe Kristalle daraus zu gewinnen, die einen bitteren Geschmack hatten. Diesen gab er den Namen Salicin, angeregt von Salix, der lateinischen Bezeichnung der Weide. Einige Jahre später konnte aus Salicin die Salicylsäure hergestellt werden. Und schließlich gelang es Hermann Kolbe 1870, ihre Struktur aufzuklären. Zudem entwickelte er ein bis heute verwendetes Verfahren, um Salicylsäure künstlich herzustellen.[33]

Die Salicylsäure war zwar wirksam, aber nicht das ideale Medikament: Der Geschmack war extrem bitter, und viele Patienten klagten nach der Einnahme über Magenbeschwerden. Arthur Eichengrün und Felix Hoffmann vom Pharmakonzern Bayer fanden schließlich eine Lösung: Sie taten, was Chemiker bis heute tun, wenn sie es mit einem sehr guten, aber nicht perfekten Wirkstoff zu tun haben: Sie wandelten das Molekül geringfügig ab. Durch die Behandlung mit Essigsäurechlorid entwickelten sie jenen Wirkstoff, der bis heute verabreicht wird – die Acetylsalicylsäure. Sie hat dieselben positiven Wirkungen wie Salicylsäure, ist aber wesentlich besser verträglich. 1899 erwarb Bayer das Patent für die Herstellung und

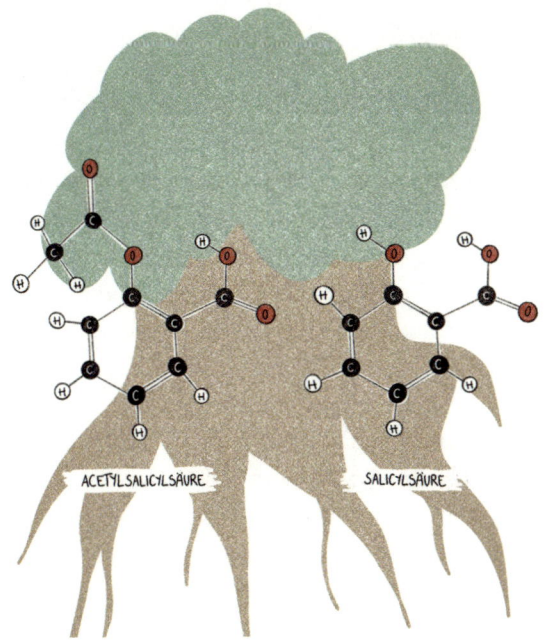

ACETYLSALICYLSÄURE   SALICYLSÄURE

Nutzung der Acetylsalicylsäure vom Kaiserlichen Patentamt in Berlin. Wenig später wurde das Produkt unter dem Markennamen Aspirin auf den Markt gebracht.[34] Heute wäre die Zulassung eines Medikaments, über das man so wenig weiß, undenkbar. Auch, dass die beteiligten Forscher Wirkstoffe ausgiebig an sich selbst testen, ist längst nicht mehr üblich. Im Fall von Aspirin wurde das Geheimnis der genauen Wirkungsweise im Körper erst siebzig Jahre nach der Zulassung als Medikament gelüftet. Wie wir heute wissen, hemmt die Acetylsalicylsäure die Herstellung der Botenstoffe Prostaglandin und Thromboxan.[35] Diese sind etwa an der Entstehung von Fieber, Schmerzen und Entzündungen im Körper beteiligt. Zugleich wirkt Aspirin aber auch dem Verklumpen von Blutplättchen entgegen, weswegen es in geringer Dosierung auch zur Vorbeugung von Herzinfarkten und Schlaganfällen eingesetzt wird.[36]

Bäume haben sich überhaupt als wertvolle Fundgrube für medizinische Wirkstoffe erwiesen. Auch einer der am häufigsten verschriebenen Arzneistoffe zur Behandlung verschiedener Krebsarten wurde in einer Baumrinde entdeckt: **Taxol**. Der Botaniker Arthur Barcley fand die Substanz in den 1960er-Jahren in der Rinde der Pazifischen Eiche. Die Struktur von Taxol wurde 1971 aufgeklärt und bald danach stellten sich Erfolge bei der Behandlung von Krebs bei Tieren und schließlich auch beim Menschen ein. Die Wirkungsweise von Taxol besteht darin, Krebszellen daran zu hindern, sich zu teilen. So sterben die bösartigen Zellen im Normalfall ab, bevor sie sich fortgepflanzt haben. 1992 wurde Taxol zur Behandlung von Eierstockkrebs zugelassen, zwei Jahre später durfte auch Brustkrebs damit behandelt werden.[37]

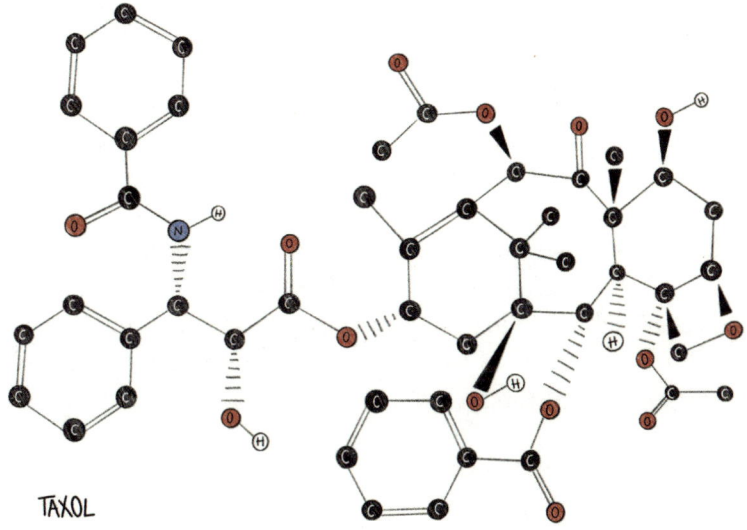

TAXOL

Soweit klingt die Entdeckung von Taxol nach einem Volltreffer der medizinischen Chemie. Die Sache hatte aber einen Haken: Wenn man der Pazifischen Eiche ihre Rinde wegnimmt, um den wertvollen Wirkstoff zu extrahieren, geht der Baum dabei zugrunde. Noch dazu sind in der Rinde eines gesamten Baumes nur rund 350 Milligramm an Taxol enthalten. Das ist gerade einmal jene Menge, die man für eine Dosis benötigt, für einen Durchlauf der Behandlung braucht man aber an die drei Gramm. So muss ein halbes Dutzend ausgewachsene Bäume geschlägert werden, um einen Patienten zu versorgen. Da die Pazifische Eiche ohnehin selten ist und an die 200 Jahre braucht, bis sie ausgewachsen ist, und zudem noch der Heimatbaum einer bedrohten Eulenart ist, kam es zu einem Interessenkonflikt zwischen Krebspatienten und Naturschützern.[38]

Einen Ausweg aus dieser verzwickten Lage fand schließlich der französische Chemiker Pierre Potier – und das wortwörtlich direkt vor seiner Haustüre. Er war am French National Center of Scientific Research in Gif-sur-Yvette tätig. Vor seinem Institut gediehen die schnellwüchsigen Europäischen Eichen ganz prächtig. In den Nadeln der Bäume identifizierte er ein Molekül, aus dem in einer raschen Synthese Taxol hergestellt werden konnte. Das erleichterte die Gewinnung des Wirkstoffs klarerweise enorm. Bis heute wird Taxol zur Behandlung verschiedener Krebsarten eingesetzt.

INSPIRIERT VON DER NATUR

Ich halte nicht viel davon, Naturheilkunde und Pharmazie gegeneinander auszuspielen. Die Naturheilkunde ist eine faszinierende Angelegenheit, doch solange wir nicht wissen, welche pflanzlichen Inhaltsstoffe wie im menschlichen Körper wirken, können wir uns nicht vollkommen auf sie verlassen. Wir können aber sehr viel für die Medizin lernen, wenn wir pflanzliche Inhaltsstoffe erforschen. Die Hälfte aller heute erhältlichen Medikamente sind entweder selbst Naturstoffe oder von Naturstoffen inspiriert.

In den vergangenen Jahren ist uns Chemikern immer mehr klar geworden, dass die besten Moleküle diejenigen sind, die viele dreidimensionale Eigenschaften haben. Und genau so sind auch Naturstoffe beschaffen. Es ist bemerkenswert, welch unglaublich komplexe Moleküle die Natur hervorbringt. Wenn ich mir ihre Struktur ansehe, denke ich mir oft: Wow, das sieht so erstaunlich aus, keinem Menschen hätte diese Struktur einfallen können! Und doch werden diese äußerst komplexen Moleküle teilweise von einfachen Mikroorganismen produziert. Oft verstehen wir Menschen nicht einmal, weshalb ein bestimmter Mikroorganismus so ein Molekül produziert, und doch stellt sich heraus, dass es für die Heilung irgendeiner Krankheit eingesetzt werden kann.

Manchmal werden auch nur winzige Mengen von bestimmten Molekülen erzeugt. Dabei fällt mir ein Frosch aus Südamerika ein – der Baumsteigerfrosch. Diese Tiere sind für ihre unglaublich grellen Farben bekannt, durch die sie für Raubtiere auch sehr leicht zu sehen sind. Sie haben daher hoch ausgeklügelte Gifte entwickelt, von denen kleinste Mengen über ihre Haut ausgeschieden werden. Selbst in geringsten Dosierungen sind diese Gifte tödlich für große Raubtiere. Die Ureinwohner Südamerikas haben das vor langer Zeit erkannt. Sie rieben den Fröschen die Haut ab und verarbeiteten das Gift in ihren Jagdwerkzeugen: Die Spitze ihrer Pfeile wurde mit dem toxischen Sekret des Baumsteigerfrosches ausgestattet, weshalb dieser auch unter dem Namen Pfeilgiftfrosch bekannt ist.

Inzwischen ist die chemische Struktur dieser Gifte analysiert worden, und ich finde, dass sie eine wirklich faszinierende Struktur haben – beispielsweise **Batrachotoxin**. Sie kommen ausschließlich in der Haut dieser Frösche vor und zählen zu den allergiftigsten Substanzen, die wir kennen. Es reicht bloß ein Mikrogramm, um einen erwachsenen Menschen umzubringen.

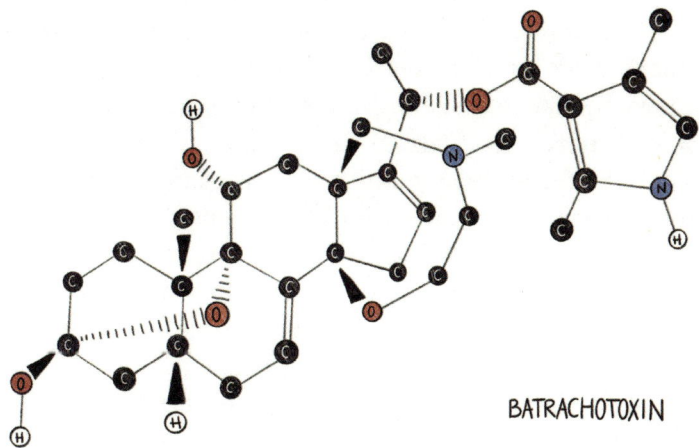

BATRACHOTOXIN

Als Chemiker merkt man Naturstoffen an, dass ihre molekulare Struktur im Laufe der Evolution über Millionen von Jahren hinweg perfektioniert worden ist. Oft ist nicht klar, warum diese Strukturen so entstanden sind. Was hat die Chinarinde davon, dass mit Chinin Malariapatienten geheilt werden können? Wie kommt es, dass Schwämme in der Tiefsee Chemikalien produzieren, die als Antikrebsmittel eingesetzt werden können? Warum produziert Schlafmohn einen Saft, der Schmerzen bei Menschen lindert? Man könnte sagen: All das ist Zufall. Und solche Zufälle passieren ständig.

MULTIRESISTENTE GEFAHR

Wie wir gesehen haben, konnten durch Chemie entscheidende Fortschritte in der Medizin erzielt werden, die unzähligen Menschen das Leben gerettet haben. Doch Pharmazeutika haben auch eine Schwachstelle, die bedauerlicherweise immer stärker hervortritt, je mehr Medikamente wir entwickeln und je großflächiger sie eingesetzt werden. Diese Schwachstelle heißt: Resistenzen. Um zu verstehen, was Resistenzen so gefährlich macht, ist es zunächst einmal notwendig, einen Blick auf unterschiedliche Klassen von Arzneimitteln zu werfen. Bedingt durch die Vielzahl von Erkrankungen sind auch die Wirkungsweisen von Pharmazeutika sehr unterschiedlich. Beschränken wir uns der Übersichtlichkeit halber zunächst einmal auf eine sehr wichtige Art von Erkrankungen, nämlich jene, die durch Infektionen hervorgerufen werden. Dabei gibt es vor allem zwei verschiedene Typen: bakterielle und virale Infektionskrankheiten.

Mit Antibiotika lassen sich bekanntermaßen bakterielle Infektionskrankheiten bekämpfen. Manche Antibiotika töten die krank machenden Bakterien direkt ab, andere verhindern, dass sie sich weiter ausbreiten können. Antibiotika sind zwar als Gegenmittel für spezielle Bakterien konzipiert, sie greifen aber auch nützliche Mikroben im Körper an. Das ist auch der Grund, weshalb eine häufige Nebenwirkung von Antibiotika Verdauungsprobleme sind, da Bakterien in Magen und Darm angegriffen werden, die eine wichtige Rolle für uns spielen.

Bei viralen Infektionen ist die Einnahme von Antibiotika völlig zwecklos. Glücklicherweise konnten Forscher aber auch Arzneimittel entwickeln, die gegen virale Infektionen helfen. Ein prominentes Beispiel dafür ist die moderne HIV-Therapie. Um Infektionen zu vermeiden beziehungsweise gefährliche Infektionskrankheiten auszurotten, sind zudem vorbeugende Impfungen dringend anzuraten.

Wenn sich Bakterien oder Viren im Körper vermehren, kommt es immer wieder zu Mutationen, also zu kleinen Veränderungen ihres Erbguts. Auf diese Weise entstehen auch Bakterien und Viren, denen die Antibiotika oder antiviralen Mittel nichts anhaben können. Wenn man etwa an einer bakteriellen Infektion erkrankt ist und diese mit einem Antibiotikum bekämpft, sterben zunächst die empfindlichsten Organismen, am längsten überleben die

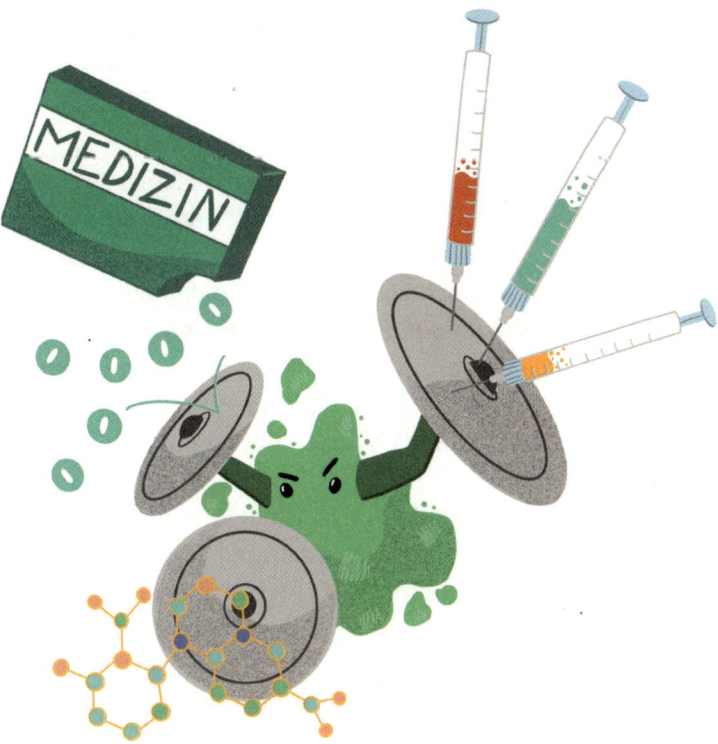

resistenten Bakterien und vermehren sich munter weiter. Daher ist es so wichtig, Antibiotika für die vorgeschriebene Dauer einzunehmen und sie nicht schon früher abzusetzen, auch wenn man sich wieder gesund fühlt.

Sind bestimmte Bakterien häufig mit demselben Antibiotikum konfrontiert, ist die Wahrscheinlichkeit hoch, dass immer wieder nur die widerstandsfähigsten Bakterien überleben und ihr Erbgut an die nächste Generation weitergeben. Schließlich kann das Antibiotikum diesen Bakterien nichts mehr anhaben – man spricht von resistenten Keimen. Im schlimmsten Fall haben sich Bakterien so weit entwickelt, dass sie sogar gegen verschiedene Antibiotika immun sind. Diese werden als multiresistente Erreger bezeichnet. Es gibt kaum einen Bereich, in dem man die Evolution so hautnah mitverfolgen kann – und keinen, wo das Prinzip »Survival of the fittest« so viele Menschenleben kostet.

Zu den bekanntesten resistenten Erregern zählt der multiresistente Staphylococcus aureus, kurz MRSA. Kommen Menschen mit geschwächtem Immunsystem mit diesen Bakterien in Kontakt, kann das fatale Folgen haben. Vor allem in Krankenhäusern und Pflegeheimen finden die Keime ideale Bedingungen vor, um sich zu vermehren. Infektionen können bei geschwächten Patienten verschiedenste Entzündungen bis hin zu einer lebensgefährlichen Sepsis auslösen.

Auch für gesunde Menschen stellen resistente Keime eine Gefahr dar: Sie vergrößern beispielsweise die Infektionsrisiken nach Operationen. Dass chirurgische Eingriffe heutzutage vielfach als medizinische Routinemaßnahmen gelten, hat vor allem auch damit zu tun, dass OP-Patienten standardmäßig Antibiotika verabreicht werden, die

Infektionen verhindern. Doch es ist nur eine Frage der Zeit, bis diese Antibiotika wirkungslos zu werden drohen – wodurch im schlimmsten Fall selbst kleinere Operationen wieder zu hochriskanten Angelegenheiten werden würden. Bereits in den 1940er-Jahren hat man sich über Antibiotikaresistenzen Gedanken gemacht – jedoch ohne nennenswerte Maßnahmen zu setzen. Vielfach wurden Antibiotika bei viralen Infektionen verschrieben oder eingenommen, bei denen sie vollkommen nutzlos sind. Oder sie wurden bei der Behandlung von Infektionen zu früh wieder abgesetzt. Durch den breiten Einsatz von Antibiotika bei Menschen, vor allem aber auch in der Viehwirtschaft, sind Resistenzen spätestens ab den 2000ern zu einem erheblichen Gesundheitsproblem geworden. Die industrielle Massentierhaltung ist in den heutigen Maßstäben nur durch den Einsatz von Medikamenten möglich, die in Form von Fleisch letztlich auch auf unseren Tellern landen.

Die Europäische Kommission geht davon aus, dass Antibiotikaresistenzen allein in der EU rund 33 000 Todesopfer pro Jahr fordern. Den volkswirtschaftlichen Schaden durch die Resistenzen beziffert die Kommission mit 1,5 Milliarden Euro, bedingt durch erhöhte Gesundheitskosten und Einbußen in der Produktivität.[39]

Weil sich Resistenzen gegen Antibiotika immer rascher einstellen, ist es für Pharmafirmen kaum profitabel, Geld in die Entwicklung neuer Antibiotika zu investieren. Im Gegensatz zu neuen Krebsbehandlungsmitteln werden die Preise für Antibiotika in vielen Ländern niedrig gehalten.[40] Die Aussicht, zehn oder zwölf Jahre lang in die Entwicklung eines neuen Antibiotikums zu investieren, das dann nur wenige Jahre in Verwendung ist und in dieser

Zeit zu niedrigen Preisen verkauft wird, ist für gewinnorientierte Unternehmen nicht sehr verlockend.

Das Problem mit Antibiotikaresistenzen spitzt sich daher auf zweifache Weise zu: Einerseits werden immer mehr Antibiotika wirkungslos, weil sich Resistenzen entwickelt haben, andererseits kommen immer weniger Antibiotika auf den Markt, weil sie ein unrentables Geschäft sind. Es wird die vielleicht größte gesundheitspolitische Herausforderung der kommenden Jahre und Jahrzehnte sein, Anreize für große Unternehmen zu schaffen und kleine Start-ups und Forschungslabore dabei zu unterstützen, viele neue Antibiotika zu entwickeln. Die rasante Evolution der Krankheitserreger geht weiter, und wenn die Forschung zu wirksamen Gegenmitteln noch mehr ins Hintertreffen gerät, zahlen wir alle einen hohen Preis.

KAMPF GEGEN CHAOS

Tauchen wir nun etwas tiefer in die molekulare Welt ein. Wir haben schon erwähnt, dass viele Moleküle erstaunlich flexibel sind und wie Schlüssel in sehr unterschiedliche Schlösser passen. Wie aber finden diese molekularen Schlüssel überhaupt zum Schloss?

Die Antwort darauf hat mit einem physikalischen Prinzip namens **Entropie** zu tun. Sehr anschaulich gesprochen, könnte man sagen, dass Moleküle immer eine Kosten-Nutzen-Rechnung durchführen: Sie begeben sich immer in jenen Zustand, der am günstigsten für sie ist. Für uns Chemiker besteht die Herausforderung darin, die Moleküle so zu konzipieren, dass sie in ihrem günstigsten Zustand genau ins von uns gewünschte Proteinschloss einrasten. Wie wir aus der Entropielehre wissen, strebt das Universum aber von sich aus nicht nach Ordnung, sondern nach Chaos. Für die Moleküle hat es daher einen Preis, immer geordnet ins Schloss zu treffen, in der Fachsprache sprechen wir von »entropic penalty«.

Mit meiner Forschungsgruppe führe ich derzeit gemeinsam mit dem Pharmakonzern Boehringer Ingelheim ein Projekt durch, in dem wir uns das Ziel gesetzt haben, diese Entropiestrafe zu verringern. Unser Ansatz ist dabei folgender: Wir haben die Moleküle so aufgebaut, dass sie möglichst starr waren, also möglichst wenig Möglichkeiten hatten, sich zu bewegen. Zusätzlich haben wir sie so entworfen, dass sie in ihrer starren Form möglichst gut ins gewünschte Schloss passen. Indem sich das Molekül gar nicht anders bewegen kann, hat es keine Entropiestrafe zu zahlen – somit hat es nur Nutzen, aber keine Kosten, ins Schloss zu passen. Tatsächlich hat sich gezeigt, dass dieser Ansatz funktioniert.[41]

Wenn wir schon bei Entropie sind, will ich noch ein paar andere Worte dazu sagen. Die Entropie ist nämlich auch eine sehr philosophische Angelegenheit. Wie gesagt, ist sie ein Maß für die Unordnung, und es war Ludwig Boltzmanns große Leistung herauszufinden, dass die Entropie im Universum ständig zunimmt. Das Universum tendiert also immer mehr in Richtung Chaos, und dennoch ist es einer der Grundzüge von Leben, immer dagegenzuarbeiten und kleine Inseln der Ordnung zu schaffen.

Ich frage mich oft, weshalb sich auch die menschliche Zivilisation so entwickelt hat und Ordnung für uns Menschen immer als erstrebenswerter gilt als Chaos. Ich selbst zum Beispiel bügle täglich mein Hemd mit dem Wissen, dass es in ein paar Stunden ohnehin schon wieder zerknittert sein wird. Wie viele Stunden verbringen wir damit, aufzuräumen und sauber zu machen, obwohl uns klar ist, dass es nicht lange dauern wird, bis alles wieder unordentlich ist. Ständig gegen ein immer größer werdendes Chaos anzukämpfen – eigentlich wäre das eine ideale Ausgangsposition, um rasch frustriert zu werden. Dennoch hat sich die menschliche Zivilisation so entwickelt, immer nach Ordnung und Sauberkeit zu streben. Dabei kenne ich wenige Tiere, die so ordnungsverliebt sind wie wir. Auch ein Vogel arbeitet zwar gegen die Entropie, wenn er ein Nest baut, aber der pedantische Drang des Menschen nach einer wohlgeordneten Umgebung (und faltenfreier Kleidung) erscheint mir doch einzigartig.

MOLEKULARER STICKSTOFF

400°C

H₂

VIEL DRUCK

° KAPITEL 4 °

DIE ERNÄHRUNG DER WELT

Es war eine Entdeckung, die selbst in den kühnsten Chemikerträumen sofort als zu illusorisch verworfen worden wäre: aus Luft Brot erzeugen?! Anfang des 20. Jahrhunderts wusste man, dass Pflanzen Stickstoff für ihr Wachstum brauchen, und bereits 1840 hatte Justus von Liebig Stickstoffdünger entwickelt. Die verwertbaren Stickstoffquellen waren jedoch begrenzt. Zwar wusste man, dass Stickstoff in rauen Mengen in der Luft vorhanden ist. Doch was bringt das schon? Man kann den Pflanzen ja nicht beibringen, ihre Wurzeln aus der Erde herauszustrecken und direkt Stickstoff aus der Luft aufzunehmen.

Fritz Haber war ein Ausnahmetalent unter seinen Chemikerkollegen. Ihm gelang es tatsächlich, Apparaturen zu konstruieren, die es am 2. Juli 1909 erstmals möglich machten, Stickstoff aus der Luft einzufangen und in der chemischen Verbindung **Ammoniak** aufzubewahren. Die zweite Zutat, um das übel riechende, giftige Gas herzustellen, ist Wasserstoff. Auch dieser ist in großen Mengen natürlich vorhanden – in Wasser.

Gemeinsam mit dem Industriellen Carl Bosch entwickelte Haber schließlich ein industrielles Verfahren, um Ammoniak in großem Maßstab herzustellen. Damit konnte in großen Mengen Kunstdünger hergestellt werden, wodurch die Erträge pro Anbaufläche erheblich gesteigert werden konnten. 1918 wurden die beiden Wissenschaftler dafür mit dem Nobelpreis für Chemie ausgezeichnet. Der Zeitpunkt war bemerkenswert, denn im gerade zu einem Ende gekommenen Ersten Weltkrieg hatte sich Haber als Vater des Gaskriegs hervorgetan: Unter seiner Leitung wurde entgegen internationaler Vereinbarungen giftiges Chlorgas im Kampf gegen französische Truppen eingesetzt. Nachdem die Statuten der Nobelstiftung vorsehen, den Preis für jene Entdeckungen zu vergeben, die den »größten Nutzen für die Menschheit« brachten, war Haber für manche doch ein Überraschungslaureat.

Die Synthese von Ammoniak kann für äußerst verschiedene Zwecke herangezogen werden: Bis heute sichert das Haber-Bosch-Verfahren die Ernährung der wachsenden Weltbevölkerung. So hat fast die Hälfte des Stickstoffs, der heute im Körper eines Menschen zu finden ist, zuvor das Haber-Bosch-Verfahren durchlaufen.[42] Zwar ist inzwischen jeder kleinste Schritt des Verfahrens optimiert, aber die Grundzüge sind immer noch jene, die

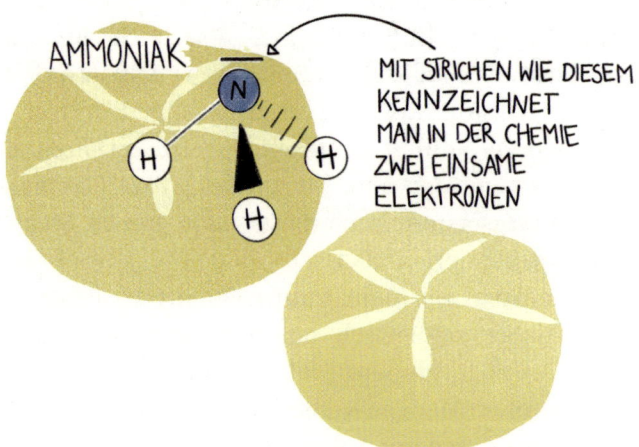

AMMONIAK

MIT STRICHEN WIE DIESEM KENNZEICHNET MAN IN DER CHEMIE ZWEI EINSAME ELEKTRONEN

Haber und Bosch entwickelt haben. Doch das Verfahren kann auch dazu eingesetzt werden, wofür man es ebenfalls bereits im Ersten Weltkrieg nutzte: die Herstellung von Sprengstoff. Ohne die Ammoniaksynthese wäre den deutschen Soldaten vermutlich schon Mitte 1915 die Munition ausgegangen.[43] Insofern ist Habers Entdeckung ein gutes Beispiel dafür, dass viele grundlegende Entdeckungen der Wissenschaft weder per se »gut« noch »böse« sind – sie können auf ganz unterschiedliche Weisen genutzt werden. Auch deswegen ist es so wichtig, dass sich möglichst viele Menschen für Wissenschaft interessieren und darüber informieren, damit wir einen möglichst breiten Dialog darüber führen können, wie wissenschaftliches Wissen genutzt werden soll – und wie nicht.

Anfang des 20. Jahrhunderts haben rund 1,6 Milliarden Menschen auf der Erde gelebt. Heute sind es rund 7,7 Milliarden Menschen. Ohne die Entwicklung von Stickstoffdüngern wäre es nicht vorstellbar, wie die Weltbevölkerung ernährt werden könnte. Schätzungen gehen davon aus, dass die heutige Weltbevölkerung ohne Haber-Bosch-Verfahren nur etwa drei Fünftel ihrer heutigen Größe hätte.[44] Unsere Abhängigkeit von diesem Prozess steigt beständig – mit der rasant wachsenden Weltbevölkerung. Die Ammoniaksynthese von Fritz Haber zählt daher zweifellos zu den wichtigsten Entdeckungen der Wissenschaftsgeschichte.

Wie sehr Haber sich seinem Heimatland Deutschland verpflichtet fühlte, zeigt sich auch an einem abenteuerlichen Forschungsprojekt, das nichts mit Stickstoff zu tun hat. Nach dem Ersten Weltkrieg hatte Deutschland Reparationszahlungen in der Höhe von 269 Milliarden

Goldmark zu leisten – eine unfassbar hohe Summe für das heruntergekommene Land. Der Mann, der es vor dem Krieg geschafft hatte, Brot aus Luft zu zaubern, träumte nach dem Krieg davon, Gold aus dem Meer zu fischen. Diese Träume hatten eine durchaus wissenschaftliche Basis: Habers schwedischer Kollege Svante Arrhenius

beschäftigte sich mit der elektrischen Leitfähigkeit von Lösungen. Dabei kam er bereits 1903 zu einer Schätzung, wie viel Gold im Meer gelöst sei: sechs Milligramm pro Tonne Meerwasser. Daraus ergab sich eine Gesamtmenge von acht Milliarden Tonnen Gold in den Weltmeeren.[45]

Um abschätzen zu können, wie aussichtsreich das Unterfangen sei, ließ sich Haber Meerwasserproben aus der ganzen Welt in sein Labor in Berlin bringen. Und siehe da: Arrhenius' Schätzungen wurden durch die chemischen Analysen bestätigt. Ab 1923 war Fritz Haber ganze vier Jahre, mit einem eigens ausgerüsteten Schiff und unterstützt von mehreren Metallfirmen, auf den Weltmeeren unterwegs. Letztlich musste er aber enttäuscht akzeptieren, dass die Gewinnung von Gold aus dem Meer derart aufwendig und kostspielig war, dass sich damit kein Gewinn machen ließ, jedenfalls nicht in jenem Ausmaß, das notwendig gewesen wäre, um Deutschlands Kriegsschulden damit zu tilgen.[46]

WILLST DU GELTEN, MACH DICH SELTEN

Lassen wir die Fischerei nach Gold hinter uns und kommen zurück zu Stickstoff. Wie kommt es, dass ausgerechnet dieses Element über Gedeih und Verderb bei Flora, Fauna und beim Menschen entscheidet? Wie wir bereits zuvor gehört haben, macht der Anteil von Stickstoff im menschlichen Körper gerade einmal zwei Prozent aus. Gilt für ihn also das alte Sprichwort »Willst du gelten, mach dich selten«? Ja und nein.

In unserer Atmosphäre ist Stickstoff das dominanteste Element überhaupt. Knapp unter achtzig Prozent der Luft bestehen aus Stickstoff. Wenn von Atmung die Rede ist, steht zwar immer der Sauerstoff im Vordergrund, der gerade einmal zwanzig Prozent der Luft ausmacht, doch auch für die menschliche Atmung ist der hohe Stickstoffgehalt lebensnotwendig. Wenn man reinen Sauerstoff oder ein mit Sauerstoff angereichertes Luftgemisch einatmet, führt das über kurz oder lang zu lebensbedrohlichen Lungenentzündungen, der sogenannten Beatmungslunge. Das Lungengewebe wird durch den Überschuss an Sauerstoff geschädigt, sodass der Körper schließlich nicht mehr ausreichend Sauerstoff aufnehmen kann und man paradoxerweise erstickt.[47]

In der Atmosphäre ist Stickstoff mit etwa achtzig Prozent also im Überfluss vorhanden. In lebenden Organismen macht er aber jeweils nur einen viel geringeren Prozentsatz aus, wobei Engpässe zu vermindertem Wachstum führen. Warum Pflanzen und Tiere Stickstoff nicht direkt aus der Luft aufnehmen können, sondern es eines komplizierten chemischen Verfahrens dafür bedarf, hängt damit zusammen, dass der molekulare Stickstoff (N_2), wie er in der Luft vorkommt, eine sehr stabile chemische

Konstruktion ist. Erinnern wir uns daran, was chemische Bindungen auszeichnet: Jedes Atom ist bestrebt, seine äußerste Schale mit Elektronen vollzufüllen. Mit fünf Außenelektronen fehlen dem Stickstoff drei Elektronen dazu. Wenn sich Stickstoffatom und Stickstoffatom in einem Molekül zusammentun, bringen sie demnach jeweils drei ihrer Elektronen in die Beziehung ein. Man spricht in so einem Fall von Dreifachbindung – einer äußerst stabilen Paarkonstruktion unter Atomen.

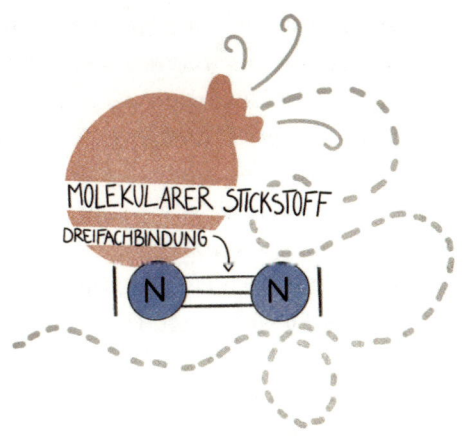

Die Stickstoffatome haben also keinerlei Ambitionen, chemische Reaktionen einzugehen. Man muss sie unter hohem Energieaufwand und mit technischer Raffinesse dazu zwingen. So darf es auch nicht verwundern, dass schätzungsweise ein bis drei Prozent des jährlichen weltweiten Energieverbrauchs allein für das Haber-Bosch-Verfahren aufgewendet werden – eine gewaltige Menge, um damit den Energiebedarf einer einzigen chemischen Reaktion zu decken.

Obwohl Stickstoff nur einen kleinen Teil der lebenden Organismen ausmacht, ist das Element in vielen zentralen Prozessen von Leben beteiligt: In Chlorophyll, das unter Einstrahlung von Licht die Photosynthese antreibt, und damit an jenem Prozess, durch den die Biosphäre am meisten Energie bezieht; in den Nukleinsäuren DNA und RNA, in denen das Erbgut codiert ist, in Aminosäuren, aus denen alle Proteine bestehen; und in Enzymen, die für das Gelingen chemischer Reaktionen in lebendigen Organismen zuständig sind.[48]

In Pflanzen ist Stickstoff der Nährstoff für kräftiges Wachstum, für das Grün der Blätter, aber auch für den Proteingehalt von Getreidekörnern – dem Grundnahrungsmittel von Milliarden Menschen. Auch beim Menschen ist Stickstoff von essenzieller Bedeutung: Von den zehn essenziellen Aminosäuren, die unser Körper braucht, nehmen wir neun über Pflanzen auf: entweder direkt, indem wir Getreide- oder Hülsenfrüchte essen, oder indirekt, indem wir das Fleisch jener Tiere essen, die diese Aminosäuren bereits über pflanzliche Futtermittel aufgenommen haben.[49]

Bevor Stickstoffatome ihre vielfältigen Aufgaben in Organismen erfüllen können, ist es notwendig, dass die N_2-Moleküle in der Atmosphäre in ihre beiden Atome aufgespalten werden. Der einzige natürliche physikalische Prozess, durch den die Aufspaltung von molekularem Stickstoff möglich ist, sind Blitze. Zwar lässt sich nicht genau beziffern, wie viele reaktive Stickstoffatome durch Gewitter freigesetzt werden, sicher ist jedoch, dass es weit weniger sind, als für die Landwirtschaft in heutigen Maßstäben notwendig wäre. Zudem gibt es nur eine kleine Gruppe an Organismen, die in der Lage sind, Stickstoff zu binden: Die sogenannten Knöllchenbakterien können molekularen Stickstoff zu Ammoniak reduzieren – allerdings nur in Symbiose mit Pflanzen aus der Familie der Hülsenfrüchte.[50]

Was die Bereitstellung von reaktivem Stickstoff angeht, spielen Bakterien weltweit immer noch die wichtigste Rolle. Kunstdünger bringen, global gesehen, etwa halb so viel Stickstoff ein wie Bakterien. Insbesondere in Regionen, wo intensiv Landwirtschaft betrieben wird, übertrifft der künstlich eingebrachte Stickstoff die natürliche Produktion durch Bakterien allerdings bei Weitem.[51]

ZU VIEL DES GUTEN

Der Eingriff in die natürlichen Stickstoffkreisläufe hat aber nicht nur positive Seiten. Klar ist, dass wir nicht nur die Felder düngen, sondern indirekt auch noch viel mehr: Insbesondere im Umland von landwirtschaftlich genutzten Flächen sind erhöhte Stickstoffkonzentrationen in Flüssen oder im Grundwasser und sogar in der Stratosphäre zu beobachten.

Insbesondere wenn zu viel Stickstoffdünger eingesetzt wird, nehmen die negativen ökologischen Auswirkungen des an sich lebensnotwendigen Elements überhand. So können Dünger die Erde, das Oberflächenwasser und das Grundwasser wie auch die Biodiversität und die Gesundheit von Menschen negativ beeinträchtigen.

Durch Regen werden Düngemittel in fließende und stehende Gewässer gespült. Phosphatdünger führen beispielsweise dazu, dass Seen so viele Nährstoffe enthalten, dass das Wachstum von Cyanobakterien und Algen explodiert, wodurch Gifte entstehen können, die über die Nahrungskette letztlich auch den Menschen erreichen.

Stickstoffdünger wiederum führen zu Sauerstoffmangel in Flüssen, Seen und Küstenzonen der Meere. Denn der Eintrag von Stickstoff lässt Algen und Phytoplankton florieren, sterben diese ab und sinken Richtung Meeresboden, werden sie von Bakterien zersetzt, die dabei Sauerstoff verbrauchen. Als Folge davon gibt es immer mehr Küstenzonen, die nicht mehr ausreichend Sauerstoff enthalten, um die normalerweise große Biodiversität im Meer aufrechtzuerhalten. So herrschen in einer immer größeren Zahl von Küstengewässern lebensfeindliche Umstände ähnlich wie in einer Wüste – man spricht von Todeszonen. Die größte von ihnen liegt im Arabischen

Meer und umfasst beinahe den gesamten Golf von Oman, der eine Fläche von 180 000 Quadratkilometern aufweist.[52] Zum Vergleich: Die Fläche Österreichs beträgt knappe 84 000 Quadratkilometer.

Wird mehr Dünger auf die Felder gebracht, als die Pflanzen aufnehmen können, hat der Stickstoff eine zweite äußerst unangenehme Folge: Der überschüssige Stickstoff wird ausgewaschen und bildet sogenannte Nitrate, die ins Grundwasser gelangen. Wie wir bereits erwähnt haben, können sich Nitrate im menschlichen Körper zu gesundheitsschädlichen Nitrosaminen umwandeln. Daher gibt es Grenzwerte für die zulässige Nitratkonzentration im Grundwasser. Besorgniserregend ist allerdings, dass diese häufig nicht eingehalten werden: In Deutschland wird der Grenzwert etwa seit 2008 fast an jeder fünften Messstelle überschritten, was eine Verurteilung durch den Europäischen Gerichtshof zur Folge hatte.[53]

Ein weiterer Nachteil von Stickstoffdüngern betrifft das Klima. Bei der Herstellung von Stickstoffdüngern entstehen die Treibhausgase Kohlenstoffdioxid, Methan und Distickstoffmonoxid, besser bekannt als Lachgas. Letzteres erwärmt die Erde rund dreihundertmal stärker als Kohlenstoffdioxid und trägt zudem zum Ozonabbau in der Stratosphäre bei.

122

WACHSTUMSSCHUB FÜR WÄLDER

Bisher erscheint der Einfluss von Stickstoffdünger auf das Klima ziemlich problematisch. Aber wie so oft ist die Welt nicht so einfach, wie sie auf den ersten Blick scheinen mag. Der Einsatz von Düngern hat nämlich auch positive, kühlende Effekte auf das Klima. Durch Kraftfutter bekommen Nutztiere heute um ein Vielfaches mehr an Proteinen als noch vor einigen Jahrzehnten. Folglich ist auch die Gülle reich an Ammoniak – und wird sie auf die Felder ausgetragen, entweicht die Stickstoffverbindung. Sie lagert sich beispielsweise an Blättern von Bäumen an. Wenn diese zu Boden fallen, dringen sie in den Waldboden oder andere Ökosysteme ein. Und auch hier hat Ammoniak einen Düngeeffekt. So wachsen die Wälder stärker, als dies ohne den Eintrag von Kunstdüngern der Fall wäre – und folglich wird auch mehr CO_2 aus der Atmosphäre absorbiert.

Zudem gelangen durch Stickstoffdünger Ammoniak und Stickoxidmoleküle in die Atmosphäre, wo sie zu einer stärkeren Wolkenbildung führen. Da die Wolken das Sonnenlicht reflektieren, hat auch dieser Prozess einen kühlenden Effekt auf den Planeten. Diese beiden Prozesse zusammengekommen, könnten die negativen Auswirkungen des Lachgases auf das Klima kompensieren.[54]

KAPITEL 5

UND PLÖTZLICH GAB ES PLASTIK

Es gibt Entdeckungen, die auf Anhieb so einen wichtigen Platz in der Gesellschaft einnehmen, dass man sie schon nach wenigen Jahren als völlig selbstverständlich erachtet. Eine dieser Entdeckungen ist das Internet. Obwohl ich selbst noch in einer Zeit aufgewachsen bin, als das WWW noch nicht gang und gäbe war, könnte ich mir ein Leben und die Wissenschaft ohne Internet heute kaum vorstellen. Ich mag den englischen Begriff »Game Changer« für derartige Durchbrüche, denn er bringt für mich gut zum Ausdruck, wie so manche wissenschaftliche Entdeckung in gewisser Weise die Spielregeln unseres Alltags ändert.

Große Innovationen lassen sich nicht auf Knopfdruck bestellen. Im Gegenteil kommt mir oft vor, dass großer Erfolgsdruck oft die beste Zutat dafür ist, dass gar nichts herauskommt. Stattdessen sind es manchmal gerade die widrigsten Umstände, unter denen erstaunliche Durchbrüche gelingen. Eine Begebenheit, die mir dazu einfällt, hat sich teilweise in Mülheim an der Ruhr zugetragen. Ich habe einige Jahre in dieser Stadt verbracht, bevor ich dem Ruf an die Universität Wien gefolgt bin, und war dort Gruppenleiter am Max-Planck-Institut für Kohlenforschung. Dieses gilt als eines der renommiertesten chemischen Institute der Welt und sein Prestige ist stark verbunden mit einem Game Changer, der dort ausgerechnet in den 1950er-Jahren gelungen ist, als Deutschland noch stark vom Zweiten Weltkrieg gezeichnet war. Mehr oder minder zufällig erzeugten Forscher um den Chemiker Karl Ziegler einen Stoff mit äußerst beeindruckenden Eigenschaften, der unsere Welt beträchtlich verändert hat. Bis heute sind seine vielfältigen Anwendungsbereiche fester Bestandteil unseres Alltags. Denn Ziegler und seinen Kollegen gelang ein Meilenstein in der Herstellung von Plastik – einem Material, das billig, beständig und wahlweise bunt ist und zunächst einmal sehr positiv aufgenommen wurde. Aber schön der Reihe nach!

Im vierten Kapitel haben wir mit dem Haber-Bosch-Verfahren eine Synthese kennengelernt, durch die die Herstellung von Lebensmitteln dramatisch verbessert werden konnte. Zu Beginn des 20. Jahrhunderts wurde aber noch eine weitere chemische Entdeckung gemacht, die den Lebensmittelmarkt massiv beeinflusste: 1907 wurde ein neues Material gefunden, das sich ideal zur Verpackung von Lebensmitteln eignete, wodurch diese länger genießbar waren. Die Rede ist vom ersten vollsynthetischen Kunststoff – Bakelit. Es handelt sich dabei um ein bernsteinfarbenes Kunstharz, das bei der Reaktion von Phenol und Formaldehyd entsteht. Mit Bakelit wurden nicht nur Kartoffelchips verpackt, sondern auch Radios oder Billardkugeln hergestellt.[55]

In den darauffolgenden Jahren und Jahrzehnten sollte noch eine ganze Reihe an weiteren Kunststoffen entwickelt werden. Der Chemiker Hermann Staudinger kam der Struktur von Kunststoffen in den 1920er-Jahren auf die Schliche. Er stellte fest, dass es sich dabei um lange Ketten von kleinen Molekülen handelt, die sich großteils aus Kohlenstoffatomen zusammensetzen, sogenannte Monomere. Chemiker sprechen daher bei Stoffen, die aus langen Ketten bestehen, von Polymeren (von altgriechisch πολύ [polý], was »viel« bedeutet und μέρος [méros], was für »Teil« steht). Bereits im ersten Kapitel haben wir ein natürliches Polymer kennengelernt: Polysaccharide oder Mehrfachzucker. Andere natürliche Polymere sind etwa Kautschuk, Baumwolle, Seide, Holz, Leinen oder Leder. Doch auch künstlich erzeugte Polymere begegnen uns täglich im Alltag: Beispielsweise ist Polyethylen, aus dem Einkaufstüten erzeugt werden, nichts anderes als eine Kette von Ethyleneinheiten. Polyvinylchlorid, das in Vinyl-Langspielplatten zu finden ist, ist wiederum aus Vinylchloridmolekülen aufgebaut und das Polystyren von Fast-Food-Essensboxen aus Styrenmolekülen.[56]

Naturkautschuk wurde bereits im 11. Jahrhundert von den Ureinwohnern Südamerikas genutzt.[57] Es war auch das erste Polymer, das in großem Stil industriell genutzt wurde: 1839 entdeckte ein gewisser Charles Goodyear, dass der klebrige Naturkautschuk, der zudem schnell spröde wird, seine Materialeigenschaften völlig ändert, wenn er mit Schwefel erwärmt wird. Es entsteht dadurch ein hochelastischer, widerstandsfähiger Gummi, der selbst bei sehr hohen und sehr niedrigen Temperaturen elastisch bleibt. Zum Missfallen seiner Frau führte Goodyear seine Experimente in der Küche durch: Dort mischte er Naturkautschuk mit Schwefel und einer Prise Bleiweiß – nach einer Stunde Backzeit bei 150 Grad Celsius zog er seinen Gummi aus dem Ofen. Trotz seiner revolutionären Entdeckung und zahlreicher angemeldeter Patente konnte Goodyear nie die finanziellen Früchte seiner Erfindung ernten – er verstarb hoch verschuldet.

Erst John Dunlop verhalf dem Gummi zum Durchbruch, indem er mit Luft gefüllte Reifen daraus entwickelte. Diese kamen auch bei der ersten serienweisen Produktion von Autos durch Henry Ford zum Einsatz – seither ist ihr Siegeszug nicht mehr aufzuhalten. Bis heute sind die Namen Dunlop und Goodyear vielfach auf Reifen zu lesen. Polymere auf Naturstoffbasis sind immer noch in vielen Bereichen im Einsatz, doch der größte Erfolg gelang ihren vollsynthetischen Verwandten. Der entscheidende Vorteil von Kunststoffen gegenüber natürlichen Polymeren besteht nämlich darin, dass man die Materialeigenschaften maßgeschneidert beeinflussen kann. Möchte man etwa Stoffe für die rissfeste Isolation von elektrischen Leitungen, bügelfreie Hemden oder Pfannen, in denen das Spiegelei nicht anbrennt, dann ist das ein Fall für die Chemie.

Heutzutage werden weltweit rund 300 Millionen Tonnen Kunststoff pro Jahr verbraucht. Der größte Teil davon entfällt auf die Big Five unter den Kunststoffen, die oft besser unter ihren Abkürzungen bekannt sind: Polyethylen (PE), Polypropylen (PP), Polyvinylchlorid (PVC), Polystyrol (PS) und Polyethylenterephthalat (PET).[58] Bei vielen Menschen ruft Plastik negative Assoziationen hervor, man denke etwa an stetig wachsende Müllberge oder Mikroplastik im Meer. Doch bei aller wohlbegründeten Skepsis sollten wir auch die positiven Seiten von Kunststoffen nicht aus den Augen verlieren. Denn im besten Fall können wir die Vorteile von Plastik nutzen und zugleich die Nachteile möglichst geringhalten.

POLYETHYLEN

EINE ALTE DAME AM SPINNRAD

Wenn man Polymere künstlich herstellen will, ist das Prinzip dabei immer dasselbe. Ich finde, man kann sich das gut anhand der Vorstellung einer alten Dame verdeutlichen, die rohe Schafwolle zu einem Faden verspinnt. Die Wollfasern wären in dieser Analogie die Monomere. Einige Kunststoffe bestehen aus lauter gleichen Monomeren. Andere wiederum, wie zum Beispiel Nylon, sind aus verschiedenartigen Monomeren zusammengesetzt, die sich aber immer schön abwechseln. Der Faden, den die Dame spinnt, ist beliebig lang. Es ist das Polymer, das beliebig erweitert werden kann. Am Ende jeder Polymerkette stehen reaktive Teilchen, sodass die alte Dame ihre Spinnarbeit jederzeit dort fortsetzen kann, wo sie zuvor aufgehört hat.

Plastik ist, chemisch gesehen, kein präziser Begriff. Das, was wir meist meinen, wenn wir von Plastik sprechen, bezeichnen wir Chemiker als Polyethylen. Ethylen ist uns bereits im ersten Kapitel bei der Chemie im Essen untergekommen: Ethylengas wird von Früchten beim Reifungsprozess produziert. Chemiker haben sich schon Anfang des 20. Jahrhunderts Gedanken darüber gemacht,

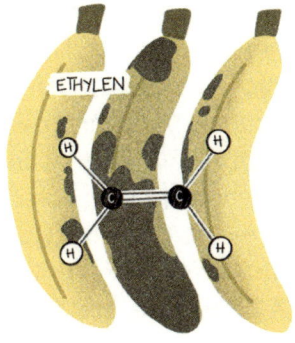

wie Ethylen polymerisiert werden könnte. Man fand zwar teils Methoden dafür, doch bis in die 1950er-Jahre blieben diese recht schlecht und eigneten sich nicht für die Massenproduktion.

Das änderte sich schlagartig mit einer Entdeckung, die 1953 in Mülheim an der Ruhr gemacht wurde – und das durch Zufall. Der Chemiker Karl Ziegler und seine Kollegen vom Max-Planck-Institut für Kohlenforschung arbeiteten dort an einer Reaktion mit Ethylen, hatten aber dessen Polymerisierung zunächst gar nicht im Blick. Es ging ihnen darum, nur zwei oder drei Ethylenmoleküle zu verbinden. Doch eines Tages, es war der 26. Oktober 1953, führte Zieglers Student Heinz Breil einen Versuch durch, der in die Wissenschaftsgeschichte eingehen sollte. Er beschäftigte sich mit einer Reaktion von Triethylaluminium mit Ethylen, zugesetzt wurde auch eine Zirkoniumverbindung. Normalerweise entstand bei dieser Reaktion mit den üblichen Bedingungen von hundert Grad Celsius und hundert bar Druck ein gasförmiges Gemisch. Doch an diesem Tag fand Breil in seinem Druckgefäß plötzlich eine feste weiße Masse vor: Polyethylen.[59]

So weit, so wunderbar. Das Dumme war nur, dass sich diese Reaktion zunächst nicht reproduzieren ließ. Zieglers Mitarbeitern war klar, dass sie beim entscheidenden Experiment irgendetwas anders gemacht haben mussten als gewöhnlich. Aber was? Die Forscher wiederholten die Reaktion immer und immer wieder, stets mit kleinen Abwandlungen. Doch das wundersame Polyethylen kam einfach nicht mehr zum Vorschein.

Auch ich befinde mich mit meiner Gruppe manchmal in einer ähnlichen Situation: Von einem Tag auf den nächsten funktioniert eine bestimmte Reaktion plötzlich nicht mehr so wie zuvor. Das bedeutet, dass irgendeine Komponente in den Reaktionsbedingungen verändert worden ist. Man kann sich das ungefähr so vorstellen wie beim Kuchenbacken: Vielleicht haben Sie auch schon die Erfahrung gemacht, dass ein Kuchen immer ein wenig anders wird, auch wenn man sich immer an das Rezept hält. Im Labor

suchen wir oft wochenlang nach der Ursache, bis wir den Grund finden, weshalb eine Reaktion plötzlich nicht mehr klappt. Es kann beispielsweise am Lösungsmittel liegen, wenn dieses nicht mehr so sauber ist. Es kann auch an den Reagenzien liegen – diese können sich zum Beispiel geringfügig unterscheiden, wenn man sie von anderen Herstellern bezieht. Wenn man einen Kuchen bäckt, kann das Mehl von unterschiedlichen Herstellern auch einen Unterschied machen. Manche Reaktionen sind zudem sehr sensibel, was die Temperatur angeht. Viele Reaktionen können bei Raumtemperatur durchgeführt werden – doch die ist natürlich im Sommer anders als im Winter. Manchmal liegt es auch schlicht daran, welcher Chemiker die Reaktion durchführt. Denn unpräzise Angaben wie »zwei Tröpfchen« bedeuten für jeden etwas anderes.

In Karl Zieglers Labor fanden die Chemiker nach Wochen endlich heraus, was des Rätsels Lösung war: Es lag am Katalysator. Ihre chemische Intuition sagte ihnen, dass man für so eine Reaktion als Katalysator ein Metall aus der Mitte des Periodensystems benötigt. Tatsächlich wurden sie schließlich bei Titan fündig. Wie sich herausstellte, hatte am entscheidenden Tag zuvor jemand eine andere Reaktion mit Titan durchgeführt, aber den Kolben nicht gründlich gereinigt. So nahm das Titan zufällig auch an der Reaktion mit Ethylen teil und führte zur Bildung von Polyethylen. Damit war die Grundlage für den ersten sogenannten Ziegler-Katalysator gefunden worden. Damals konnten bis zu hundert Ethylenmoleküle miteinander verknüpft werden. Heute ist die chemische Industrie schon weiter: Die Plastiktüten, mit denen wir unsere Einkäufe sicher nach Hause bringen, weisen Ketten aus 1000 und mehr Ethylenmolekülen auf.[60]

Die Entdeckung von Plastik war ein reiner Zufallsfund. In der Wissenschaft sprechen wir dabei von »serendipity«. Der Begriff stammt ursprünglich aus einem persischen Märchen, in dem drei Prinzen viele unerwartete Entdeckungen machen. Der englische Titel lautet *The Three Princes of Serendip*, wobei Serendip eine alte, von arabischen Händlern geprägte Bezeichnung für das heutige Sri Lanka ist. Für wissenschaftliche Zufallsfunde hat den Begriff »serendipity« der US-Soziologe Robert K. Merton in den Jargon eingeführt.[61] Ich sage das meinen Studierenden immer wieder: Die größten Erfindungen der Welt sind zufällig gemacht worden. Und das wird auch in Zukunft so sein. Denn wenn man nach der bewährten Methode vorgeht, ist es unmöglich, etwas fundamental Neues zu finden.

Die Entdeckung der Synthese von Polyethylen ist auch wegen des Ortes und des Zeitpunktes bemerkenswert. Deutschland war kurz nach dem Krieg wirtschaftlich in einer äußerst prekären Lage. Die deutsche Wissenschaft wurde aufgrund ihrer Verstrickungen in den Nationalsozialismus international argwöhnisch beäugt. Just in diese trostlose Situation fiel die Entdeckung von Plastik. Karl Ziegler meldete sofort nach der Entdeckung das Patent für die Synthese von Polyethylen an. Bereits nach einem Jahr wurde der Kunststoff im Tonnenmaßstab produziert. Die Kassa des Max-Planck-Instituts für Kohlenforschung in Mülheim an der Ruhr klingelte kräftig – und das für Jahrzehnte.

Das Institut nahm so viel Geld durch die Lizenzgebühren ein, dass es in der Lage war, alle Grundstücke rund um das Institutsgelände zu kaufen und dort Häuser für Mitarbeiter zu bauen. Auch ich hatte die Möglichkeit, davon zu profitieren, als ich dort für einige Jahre als Gruppenleiter tätig war. Denn an Institutsmitarbeiter werden die Wohneinheiten immer noch zu sehr guten Preisen vermietet. Bis heute zählt das Max-Planck-Institut für Kohlenforschung in Mülheim an der Ruhr zu jenen Forschungsinstitutionen mit dem größten Landbesitz. Auch Karl Ziegler und die beteiligten Techniker sind durch die Entdeckung reich geworden.

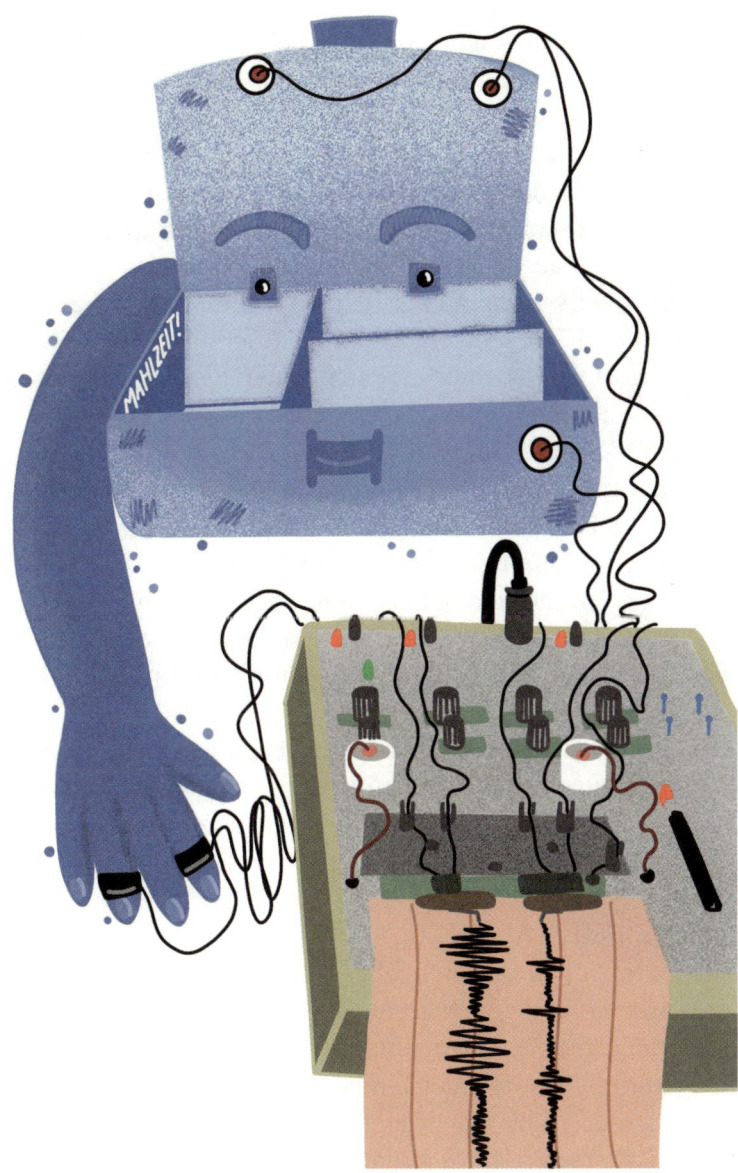

PLASTIK LÜGT NICHT

Natürlich gab es einige US-Firmen, die die Synthese von Polyethylen nutzen wollten, ohne dafür Lizenzgebühren zu zahlen. Die Gerichtsstreitigkeiten dauerten über zehn Jahre. Doch letztlich konnte Ziegler seine Ansprüche in jedem einzelnen Fall durchsetzen. Denn das Gute an seiner Synthese war auch, dass sich der Titan-Katalysator in geringen Spuren im Endprodukt nachweisen ließ. Wenn man beispielsweise eine Plastikflasche verbrennt, die aus Polyethylen hergestellt ist, bleibt im Rückstand Titan zurück – und das in einer ganz charakteristischen Proportion zur Gesamtmenge. Das heißt, man kann das Verfahren natürlich verwenden, ohne Lizenzgebühren zu zahlen, aber wenn es eine Überprüfung gibt, wird das Produkt immer die Wahrheit sagen, nämlich, dass es mit dem patentierten Verfahren hergestellt worden ist.

Wann immer ich gefragt werde, welche Entdeckung ich als Chemiker gerne gemacht hätte, ist meine Antwort ganz klar: die Synthese von Polyethylen nach Karl Ziegler.[62]

Polyethylen beschäftigte die Patentgerichte aber auch noch aus einem anderen Grund: Zeitgleich mit Karl Ziegler meldete der Italiener Giulio Natta ein Patent zur Herstellung von Kunststoff an. Natta war für den Chemiekonzern Montecatini tätig. Auch Ziegler hatte zuvor mit dem Konzern zu tun gehabt, da er Verträge zu anderen Katalysatoren mit Montecatini abgeschlossen hatte.[63]

Anfang 1954 informierte Ziegler die Italiener über seine neuesten Patentanmeldungen und schrieb in einem Begleitbrief:»Ich darf Verständnis zwischen uns darüber voraussetzen, daß der weitere Ausbau dieser Gruppe neuer Katalysatoren uns zunächst vollständig überlassen bleiben soll.«[64] Giulio Natta, als Berater von Montecatini bestens mit Lizenzverträgen vertraut, sah die Sache aber offenbar anders.

Natta testete Zieglers Katalysatoren mit dem Monomer Propen und konnte auf diese Weise einen anderen Kunststoff herstellen: Polypropylen. Auch er reichte ein Patent für den Katalysator ein – und zwar genau 14 Tage vor Ziegler. Drei Jahrzehnte sollte der Patentstreit zwischen Ziegler und Natta schließlich dauern. Die Hauptauseinandersetzungen erfolgten zwischen 1960 und 1983 vor dem Patentamt und den Gerichten der USA. Denn Montecatini wollte die Entscheidung des US-Patentamts vom 3. August 1954 nicht anerkennen, wonach Karl Ziegler die Priorität für das Patent zufiel.[65]

Mitten im Patentkrieg erhielt Ziegler 1963 einen Anruf aus Stockholm, über den sich wohl jeder Wissenschaftler freuen würde: Ihm wurde der Chemie-Nobelpreis dieses Jahres zugesprochen. Doch die Sache hatte einen gewaltigen Haken in Person seines Mitpreisträgers. Ziegler musste sich den prestigereichen Preis ausgerechnet mit seinem Erzfeind Natta teilen. Die Patentanwälte stritten indes munter weiter. Erst 1983 kam es zu einem Vergleich: Montecatini nahm die Forderung auf den Prioritätsanspruch zurück und leistete Schadenersatz nach Mülheim. 1984 ließ das höchste Beschwerdegericht in Washington wissen: »Es waren Ziegler und seine genannten Miterfinder, die diese Katalysatoren erfunden haben und Natta darüber berichteten.«[66]

Die Synthese von Polyethylen war übrigens nicht die erste bahnbrechende Entdeckung, die in Mülheim an der Ruhr gemacht wurde, und es sollte auch nicht die letzte bleiben. Dreißig Jahre vor Zieglers Durchbruch entwickelten Franz Fischer und Hans Tropsch in den 1920er-Jahren am damaligen Kaiser-Wilhelm-Institut für Kohlenforschung (Vorgänger des Max-Planck-Instituts) ein chemisches Verfahren, um aus Kohle flüssige Kraftstoffe wie Benzin oder Diesel herzustellen. 1925 wurde die Fischer-Tropsch-Synthese zum Patent angemeldet. Es war nur ein Jahrzehnt vergangen, seit Fritz Haber die Ammoniaksynthese geglückt war. Die deutschen Forscher dürften sich zu dieser Zeit beinahe allmächtig gefühlt haben. Einem von ihnen war es gelungen, aus der Luft Brot zu zaubern, der andere hatte entdeckt, wie sich aus Kohle Benzin herstellen lässt.

Auch nach Karl Ziegler wurde eine Entdeckung in Mülheim gemacht, die viele von uns im Haushalt vorrätig haben: entkoffeinierter Kaffee. Auch dabei war die wesentliche Zutat der Zufall. Zuvor hatte koffeinfreier Kaffee einen sehr üblen Geschmack. Kein Wunder: Die Bohnen wurden etwa mit Benzol behandelt. Ludwig Roselius, ein Kaffeehändler aus Bremen, ließ sich diese Methode zur Entkoffeinierung 1905 patentieren. Für die behandelten Bohnen bedeutete das allerdings eine erhebliche Geschmackseinbuße. Zudem enthielt der erste kommerziell erhältliche koffeinfreie Kaffee Spuren von krebserzeugendem Benzol. Der Werbeslogan, mit dem die Firma Kaffee HAG damals für das Produkt warb, mutet heute daher recht ironisch an:»Immer unschädlich! Immer bekömmlich!« Doch 1967 fand Kurt Zosel durch Zufall eine sehr sanfte Möglichkeit, Kaffee zu entkoffeinieren, die bis heute Anwendung findet.[67]

Zosel schloss sich 1950 der Arbeitsgruppe von Karl Ziegler als Doktorand an. Auch nach seiner Promotion war er weiterhin im Max-Planck-Institut für Kohlenforschung in Mülheim an der Ruhr tätig. Er arbeitete mit Kohlendioxid im superkritischen Zustand. Es handelt sich dabei um einen Zustand von Gasen, wenn sie sehr starkem Druck ausgesetzt sind und gleichzeitig die Temperatur einen bestimmten Grenzwert überschreitet. Kohlendioxid erreicht den superkritischen Zustand bei 30,1 Grad Celsius und einem Druck von mindestens 73,8 bar.[68]

Was superkritisches Kohlendioxid für Zosel so attraktiv machte, war seine Fähigkeit, Stoffe aus Gemischen herauszulösen. 1967 fiel Zosel schließlich auf, dass das auch mit Koffein in Kaffee möglich war. Er meldete das »Verfahren zur Entcoffeinierung von Kaffee« drei Jahre später als Patent an. Die Entkoffeinierung von Kaffee war damit revolutioniert: Fast 100 000 Tonnen Kaffee wird heutzutage pro Jahr mit dieser Methode das Koffein entzogen.[69]

KEHRSEITE DER LANGLEBIGKEIT

Zurück zum Kunststoff: Die Nachkriegsgesellschaft nahm Plastik mit Begeisterung auf. Plötzlich hatte man einen Stoff zur Verfügung, der langlebig, vielfältig einsetzbar, leicht, in verschiedenen Farben erhältlich und zudem noch äußerst billig war. Nicht nur die Verpackung von Lebensmitteln wurde rasch auf Plastik umgestellt. Immer noch wird etwa ein Drittel der weltweit produzierten Lebensmittel weggeworfen – doch dieser Anteil wäre noch erheblich höher, wenn nicht Kunststoffverpackungen zu einer viel längeren Haltbarkeit unserer Nahrungsmittel beitragen würden. Wahrscheinlich wäre das eine der tragischsten Konsequenzen, wenn die Menschheit von heute auf morgen auf Plastik verzichten müsste. Kunststoff findet aber auch bei Möbeln, Geschirr und einer Vielzahl alltäglicher Gebrauchsgegenstände Anwendung. Man kann sich heute gut vorstellen, warum es eine Zeit lang so trendy war, möglichst alles in Plastik zu haben.

Eine der wenigen unvorteilhaften Eigenschaften von Plastik ist, dass es hohe Temperaturen nicht gut aushält. Autos oder Flugzeuge, die vollständig aus Plastik gefertigt sind, wären daher keine gute Idee. Was aber sehr wohl Sinn macht, ist, beispielsweise Autoteile aus Plastik zu fertigen. Indem etwa Airbags, Instrumententafeln, Kotflügel, Mittelkonsolen und Bedienungselemente aus Kunststoff hergestellt werden, ersetzen sie im Schnitt 300 Kilogramm anderer, schwerer Materialien. Das führt zu einer Treibstoffeinsparung von rund fünf Prozent.[70] Auch in anderer Hinsicht können Kunststoffe für klimaschonende Maßnahmen genutzt werden: Sie sind ideale Wärmeisolatoren. So ermöglichen 200 Kilogramm an

Wärmedämmung aus Polystyrol eine Einsparung von 1000 Litern Heizöl pro Jahr für ein Einfamilienhaus.[71]

Der größte Nachteil von Plastik hat mit einem seiner großen Vorzüge zu tun: seiner Langlebigkeit. Nirgendwo auf der Welt wird das deutlicher sichtbar als beim Großen Pazifischen Müllteppich. Auf einer Fläche von 1,6 Millionen Quadratkilometern haben sich in der größten Ansammlung von Plastik auf dem Planeten etwa 1,8 Billionen Plastikteilchen zusammengefunden – und das an einem Ort, wo Kunststoff absolut nichts verloren hat: mitten im Pazifik.[72]

Das ist allerdings nur die Spitze des Eis- beziehungsweise des Kunststoffberges, denn es verbleibt nur ein Drittel des aus Flüssen, Häfen und Schiffen stammenden Plastikmülls an der Meeresoberfläche. Der größte Teil sinkt auf den Grund. Rund 110 Plastikteile liegen laut wissenschaftlichen Hochrechnungen auf jedem Quadratmeter Meeresboden – Tendenz steigend.[73] Die Lebensdauer von Plastik beträgt Jahrhunderte und Jahrtausende. Durch Wind und Wellen werden die Teile immer mehr zerkleinert und teilweise auch wieder dort angeschwemmt, wo sie ursprünglich hergekommen sind: an Stränden. Mit freiem Auge sind die winzigen Plastikteilchen gar nicht sichtbar, doch wie Sandproben zeigen, machen sie dort bis zu einem Viertel des Gesamtgewichtes aus.[74]

Doch wie gerät derart viel Plastik überhaupt in die Umwelt? In den westlichen Industrieländern ist der Reifenabrieb von Autos eine der Hauptquellen. Weitere Übeltäter, durch die Mikroplastik in unsere Gewässer gelangt, sind aus Polyesterfasern gefertigte Kleidungsstücke. Bei jedem Waschgang werden Polyesterfasern herausgewaschen. Auch beim Verwenden von Kosmetika wird

Mikroplastik ins Abwasser gespült. Leider sind die heutigen Kläranlagen nicht dafür gerüstet, die kleinsten Plastikteile herauszufiltern – und so landen sie schließlich in den Weltmeeren.

Ich finde nicht, dass man diese Umweltsünde den Entdeckern von Plastik ankreiden darf. Plastik ist und bleibt eine geniale Erfindung. Doch wir Menschen haben es leider viel zu lange verabsäumt, den negativen Effekten von Kunststoffen ausreichend Aufmerksamkeit zu schenken und entsprechende Maßnahmen zu setzen – bis zum heutigen Tag.

Was die Plastikproblematik zusätzlich verschärft, ist, dass durch den niedrigen Preis von Plastik Einwegprodukte in Mode gekommen sind. Bei manchen Gegenständen, wie etwa Zahnbürsten, macht es durchaus Sinn, sie nicht jahrelang zu verwenden. Bei anderen Gebrauchsgegenständen ist es wiederum völlig unsinnig, sie nach einmaliger Verwendung zu entsorgen. Dabei denke ich zum Beispiel an Geschirr, Einwegrasierer oder Einwegplastikflaschen – für all das gibt es nachhaltigere Alternativen, die wir auch nutzen sollten.

Da die Verbreitung von Plastik in der Umwelt zu lange ignoriert worden ist, konnte es meiner Meinung nach gar nicht anders kommen, als dass die Politik nun nach und nach Verbote beschließt, wie das Plastiktüten-Verbot oder das Verbot von Plastikstrohhalmen. Das sind zwar nur kleine Schritte, aber ich denke, wir brauchen viele kleine und große Schritte, um die negative Kehrseite von Plastik in der Umwelt in den Griff zu bekommen.

Ich bin mir ziemlich sicher, dass ich nicht der Einzige bin, der aufgeatmet hat, als ich eines Tages dieses Video im Internet gesehen habe: Ein niederländischer

Jugendlicher, Boyan Slat, präsentiert darin seine Idee, um Plastik aus dem Pazifik zu fischen – The Ocean Cleanup. Als ich das zum ersten Mal gesehen habe, dachte ich mir: »Gott sei Dank! Endlich hat jemand Kluger eine Idee, wie man das Problem angehen kann!« Mittlerweile sind einige Jahre vergangen, erste Prototypen sind getestet worden, doch der große Durchbruch ist noch ausgeblieben. Ich hoffe jedenfalls sehr, dass durch Initiativen wie The Ocean Cleanup das Plastikproblem in der Umwelt bald der Vergangenheit angehören wird. Welchen positiven Beitrag die Chemie dabei leisten könnte, werden wir uns im siebenten Kapitel noch genauer ansehen.

Zu Beginn dieses Buches ist uns die von Paracelsus ausgegebene Maxime »Die Dosis macht das Gift« begegnet. Beim Thema Kunststoff gewinnt der Leitspruch eine weitere Bedeutungsebene: Kunststoffe sind nützlich für sehr viele Anwendungsbereiche und haben unseren Alltag in vielfältiger Weise erleichtert. Doch im Übermaß und an den falschen Stellen wird Kunststoff zur fatalen ökologischen Herausforderung.

Das gilt ganz generell für ein besonderes Element des Periodensystems, das auch ein wesentlicher Bestandteil von Plastik ist: Kohlenstoff. Er ist Voraussetzung für alles irdische Leben. Wie wir bereits gesehen haben, ist er in einer beachtlichen Vielfalt chemischer Verbindungen anzutreffen. Im gasförmigen Kohlendioxid (CO_2) ist er das wesentliche Treibhausgas unseres Planeten. In welch vielfältiger Weise unser Leben von Kohlenstoff abhängig ist und was die Folgen davon sind, wollen wir uns im nächsten Kapitel ansehen.

KAPITEL 6

DIE GASHEIZUNG DER ERDE

Bei der Vielzahl an Elementen, mit denen das Periodensystem der chemischen Elemente aufwartet, mag es überraschen, dass jede Form von Leben vor allem von einem Element abhängig ist: Kohlenstoff. In seiner reinsten Form ist Kohlenstoff in der Mine eines Bleistifts zu finden oder im Diamanten eines Rings. Doch das Element geht auch sehr gerne Verbindungen mit anderen Elementen ein – und das in millionenfach unterschiedlichen Konstellationen. Jede Form von Leben ist aus organischen Kohlenstoffverbindungen entstanden und wird in ihren Entwicklungsstufen von diesen Verbindungen dominiert. Es gibt keinen Organismus, der nicht auf die Energie von Kohlenstoffverbindungen angewiesen ist, um wachsen und gedeihen zu können.

Doch wie kommt es, dass Kohlenstoff derart essenziell für jede Form von Leben ist? Die Antwort auf diese Frage lässt sich gewissermaßen aus dem Periodensystem ablesen. Wir erinnern uns an das Schalenmodell und das Begehren der Atome, ihre äußerste Schale mit Elektronen aufzufüllen. Für Kohlenstoff bedeutet das, dass er gar vier Bindungen zugleich mit anderen Atomen eingehen kann. Durch dieses promiskuitive Verhalten haben Kohlenstoffatome die Fähigkeit, lange Ketten von Molekülen aufzubauen – mit den Polysacchariden, Polyethylen oder anderen Polymeren sind uns ja schon einige von ihnen begegnet. Kohlenstoffverbindungen nehmen auch zentrale Funktionen in unserem Körper und unseren Nahrungsmitteln ein. Kohlenstoffbasierte Energieträger waren auch seit jeher der Hauptantriebsmotor der industriellen Revolution.

Ich stellte mir manchmal die Frage, ob außerirdisches Leben – falls es das überhaupt gibt – genauso versessen auf Kohlenstoff wäre, wie das Leben, das wir kennen. Chemisch gesehen, scheint das natürlich naheliegend, weil Kohlenstoff so ein ideales Element ist, um eine grundlegende Rolle in Organismen zu spielen. Ich glaube daher, dass, wenn wir eines Tages tatsächlich Aliens finden, diese genauso verrückt nach Kohlenstoff sind wie wir. Vielleicht tragen sie keine Diamantringe und fertigen keine Bleistiftnotizen an, aber es ist sehr wahrscheinlich, dass Kohlenstoff in ihren Körpern eine ähnlich zentrale Rolle spielt wie in unseren. Theoretisch wäre es aber auch möglich, dass sich außerirdisches Leben, ausgehend von einem anderen Element, entwickelt hat. Für uns Menschen ist es aber nur sehr schwer vorstellbar, wie zum Beispiel Silicium-basiertes Leben aussehen könnte – dafür haben wir wohl eine viel zu Kohlenstoff-geprägte Weltsicht.

Beim Verbrennen von Kohlenstoffverbindungen – im menschlichen Körper ebenso wie in Dampflokmotoren oder der Therme einer Gasheizung – wird, bei vollständiger Verbrennung, großteils Kohlendioxid freigesetzt. Es handelt sich dabei um eine gasförmige Verbindung, die aus einem Kohlenstoffatom und zwei Sauerstoffatomen zusammengesetzt ist. Wie wir mittlerweile wissen, führt CO_2 in der Atmosphäre dazu, dass sich die Erde immer weiter erwärmt. Letztlich könnte sich der Planet dadurch in ein Hitzeinferno verwandeln, das höhere Lebensformen zerstört. Wie viel Kohlenstoff in den nächsten Jahren in unsere Atmosphäre gelangt, ist daher wohl auch der wichtigste Faktor, der darüber entscheiden wird, ob die Erde für uns Menschen auch in Zukunft bewohnbar sein wird oder nicht. Aus diesem Grund hat CO_2 einen zunehmend schlechten Ruf. Doch bevor wir uns mit seiner lebensbedrohlichen Wirkung auseinandersetzen, lohnt es sich, einen Blick darauf zu werfen, warum Leben ohne Kohlendioxid gar nicht denkbar wäre.

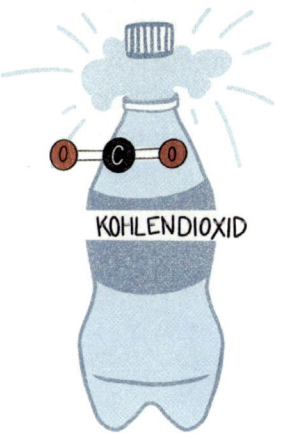

KOHLENDIOXID

Der überwiegende Teil der Luft, nämlich 78 Prozent, besteht aus molekularem Stickstoff N_2. Der Anteil von molekularem Sauerstoff O_2 in der Luft beträgt 21 Prozent. Kohlendioxid macht mit 0,04 Prozent nur einen äußerst geringen Anteil aus. Der Rest besteht aus Edelgasen und sonstigen Gasen. In alle vitalen Vorgänge sind im Wesentlichen aber nur zwei dieser Bestandteile involviert: Sauerstoff und Kohlendioxid.

Auch wir Menschen setzen in großem Maße Sauerstoff und Kohlenstoff um und atmen dafür Kohlendioxid aus. Die mehr als sieben Milliarden Menschen, die derzeit auf der Welt leben, atmen jährlich rund zwei Milliarden Tonnen CO_2 aus.[75] Zum Vergleich: Durch den kommerziellen Flugverkehr werden jährlich etwa eine Milliarde Tonnen CO_2 emittiert. Während sich unser physiologischen Kohlendioxidausstoß klarerweise nicht reduzieren lässt, könnten wir beim Fliegen gut und gerne die eine oder andere Tonne an Emissionen einsparen.

Wir Menschen zählen zu jenen Nutznießern, die ihre Energie von Pflanzen, Algen und Bakterien beziehen, die die Fähigkeit besitzen, atmosphärisches Kohlendioxid zu Kohlenstoffverbindungen wie Glucose, Stärke oder Cellulose umzuwandeln. Wir Menschen verbrauchen diese durch Photosynthese erzeugten Kohlenstoffverbindungen, als Abfallprodukt atmen wir Kohlendioxid aus – und damit schließt sich der Kreis.

GASFÖRMIGES THERMOSTAT

Nicht nur als Energieträger, auch als Temperaturregler spielt Kohlendioxid eine zentrale Rolle, um Leben auf der Erde zu ermöglichen. Das zeigt sich besonders deutlich, wenn wir auf unseren Nachbarplaneten Venus blicken. Die Atmosphäre der Venus unterscheidet sich fundamental von jener der Erde. Denn die Venusatmosphäre enthält neunzigmal mehr Gas als die Erdatmosphäre und besteht fast zur Gänze aus Kohlendioxid. Ihre mittlere Bodentemperatur beträgt daher beachtliche 464 Grad Celsius. Das ist sogar noch heißer als die Temperatur des Planeten Merkur, obwohl sich dieser viel näher bei der Sonne befindet. Es kann sich daher kein flüssiges Wasser auf der Venus halten – und genau darin liegt der Grund für ihre Kohlendioxid-dominierte Atmosphäre.

Kohlendioxid löst sich sehr gut in Wasser, was auf der Erde ständig passiert. Was dabei entsteht, ist Ihnen sicherlich schon oft beim Öffnen einer Flasche entgegengezischt: Kohlensäure. In geologischen Prozessen greift Kohlensäure Silicatgesteine an. Bei diesem Verwitterungsprozess werden unter anderem auch Calciumionen aus dem Gestein herausgelöst, die sich mit der Kohlensäure zu einem Salz mit dem Namen Calciumcarbonat verbinden. In dicken Schichten lagert sich dieses in Form von Kalkgestein auf den Meeresböden ab – genau dort ist daher ein nicht unwesentlicher Teil des weltweiten Kohlendioxids gebunden.[76]

Doch die CO_2-Reserven der Tiefsee bleiben nicht für immer auf dem Meeresboden begraben. Wenn das Kalkgestein in Tiefseegräben absinkt und sich dem heißen Erdmantel nähert, kommt es zu Vulkanausbrüchen – das Kohlendioxid wird dabei befreit und gelangt in die

Atmosphäre. Diesen Kreislauf, der sich in einer Zeitskala von Millionen von Jahren abspielt, könnte man als Thermostat bezeichnen: Wenn sich der CO_2-Gehalt in der Atmosphäre erhöht, steigt damit auch die Temperatur der Erde und durch die vermehrte Verdunstung nehmen die Niederschläge zu. Dadurch kommt es wiederum vermehrt zu Verwitterung, was dazu führt, dass mehr Kohlendioxid in Form von Kalk gebunden wird.[77]

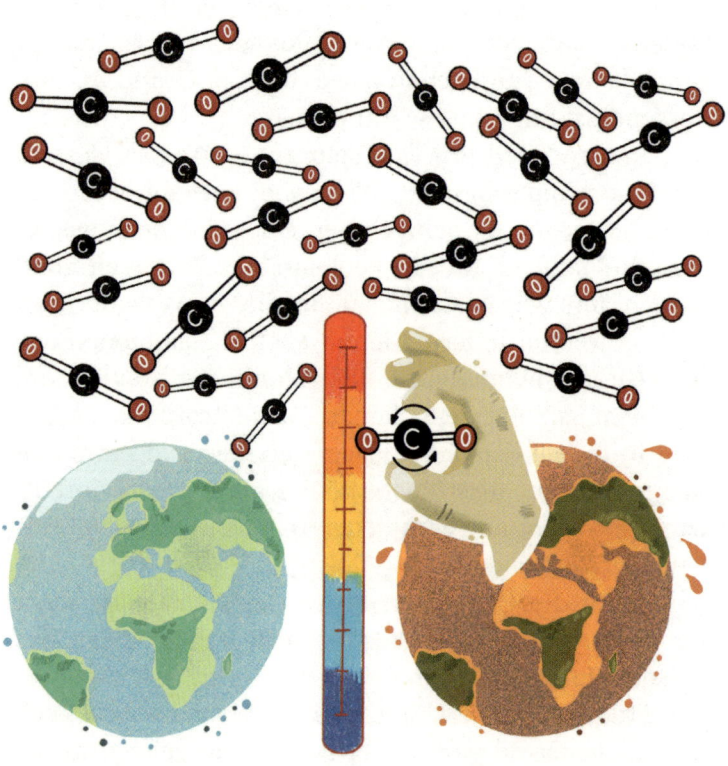

Es gab allerdings einen Moment in der Erdgeschichte, als dieses Thermostat versagt haben dürfte – und das mit dramatischen Folgen. Vor 580 bis 750 Millionen Jahren lagen vermutlich große Teile der globalen Landmasse in den warmen und regenreichen Tropen. Das führte dazu, dass die Verwitterung dort sehr rasch voranschritt und sehr viel Kohlendioxid aus der Atmosphäre von den Meeren verschlungen wurde. Die Folge: Die mittlere Erdtemperatur fiel ab, und das rapide. Die Eismassen der Pole breiteten sich aus in Richtung Äquator. Da das Eis mehr Sonnenlicht reflektiert als Wasser, wurde es zusätzlich kälter – Wissenschaftler sprechen dabei von einem selbstverstärkenden Effekt. Schließlich bedeckte das Eis den gesamten Planeten. Passenderweise wird dieser Zustand als »Schneeball Erde« bezeichnet.[78]

Doch es sollte nicht beim Eisplaneten bleiben – zu unserem Glück, denn unter derartigen Bedingungen wäre die Entwicklung von höheren Lebewesen nicht vorstellbar. Durch vulkanische Aktivität gelangte wieder ausreichend CO_2 in die Atmosphäre, um die Erde aufzuheizen. Möglicherweise hat das Wechselspiel von Eisplanet und planetarer Sauna sogar mehrere Male stattgefunden, bis sich schließlich ein gemäßigtes Klima auf der Erde etablieren konnte. Erst dadurch konnte Leben auf dem Planeten in jener Vielfalt entstehen, wie wir sie heute kennen.[79]

Dieser Kohlenstoffkreislauf, der zwischen Atmosphäre, Meer und Kalkgestein oszilliert, ist nur einer von Hunderten von Prozessen, wie Kohlenstoff permanent zwischen Himmel und Erde herumgeschoben wird. All diese Prozesse laufen auf unterschiedlichen Zeitskalen ab, manche haben eine selbstverstärkende Wirkung, andere wiederum tendieren dazu, sich einzubremsen. Will man also eine Gesamtbilanz des globalen Kohlenstoffkreislaufs erstellen, benötigt man extrem komplexe Klimamodelle und leistungsstarke Rechner. Generationen an Forschern arbeiteten sich über Jahrzehnte und Jahrhunderte daran ab, zu eruieren, ob die Menschheit einen Einfluss auf das Klima hat, und wenn, in welcher Weise. Es ist der Hartnäckigkeit dieser Menschen zu verdanken, dass wir heute mit einer sehr klaren Analyse ausgestattet sind, welche Klimafolgen unser Verhalten hat und welche Schlüsse wir daraus ziehen sollten.

Die Gase in der Atmosphäre haben aber nicht nur die Wirkung eines Thermostats. Eine weitere essenzielle Aufgabe fällt molekularem Sauerstoff O_2 und dem dreiatomigen Molekül Ozon O_3 zu. Vielleicht erinnern Sie sich noch an den typischen Ozongeruch, den man bei älteren Fotokopierern wahrnehmen konnte. In der Atmosphäre ist Ozon dafür verantwortlich, dass gefährliche UV-Strahlung absorbiert wird. Wie die Chemiker Paul Crutzen, Mario

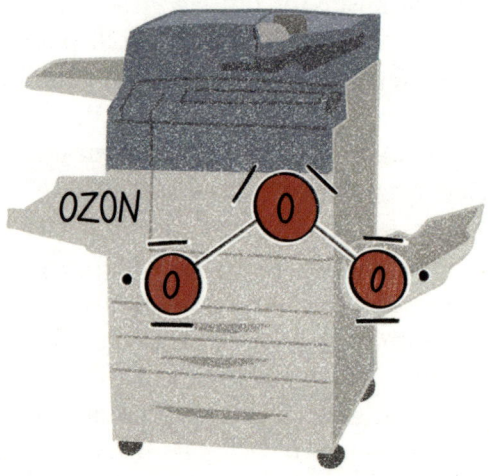

Molina und Sherwood Rowland erkannten, schädigen bestimmte vom Menschen freigesetzte Verbindungen den natürlichen UV-Schutz der Erde: die sogenannten Fluorchlorkohlenwasserstoffe (FCKWs). Anfang der 1980er-Jahre fanden die FCKW noch breite Verwendung als Treibgase in Spraydosen oder Kältemitteln in Kühlschränken. Waren sie erst einmal in die Atmosphäre geraten, leiteten sie den Abbau von Ozon ein. Das sich über der Antarktis ausbreitende Ozonloch und die daraus resultierende mediale Aufmerksamkeit hatten zur Folge, dass FCKWs 1991 verboten wurden – mit Erfolg, denn seither schließt sich das Ozonloch wieder.[80]

PLANET IM SCHWITZKASTEN

Ginge es einzig um die Entfernung von der Sonne zur Erde, wäre unser Planet ein recht frostiges Domizil: Die Sonneneinstrahlung allein könnte die Erde gerade einmal auf eine Durchschnittstemperatur von minus 18 Grad Celsius erwärmen. Wie kommt es also, dass wir uns über eine globale Durchschnittstemperatur von rund 14 Grad Celsius freuen dürfen? Was die Erde zu einer lebensfreundlichen Heimat macht, ist ihre Atmosphäre. Diese enthält bestimmte Gase, deren Moleküle eine ähnliche Wirkung haben wie das Glasdach eines Gewächshauses. Für dieses Phänomen prägte der französische Intellektuelle Jean Baptiste Joseph Fourier 1824 den Begriff »Glashauseffekt«, später wurde daraus der »Treibhauseffekt«.[81] Vereinfacht gesagt, läuft er nach folgendem Prinzip ab: Die Treibhausgase lassen sichtbares Licht der Sonne mehr oder minder ungehindert durch, wodurch sich die Erdoberfläche erwärmt. Die Wärmeabstrahlung der Erde wird von den Treibhausgasen der Atmosphäre allerdings zurückgehalten. Ohne diesen natürlichen Treibhauseffekt hätten sich keine höheren Lebewesen auf der Erde entwickeln können.

Basierend auf den Arbeiten von Fourier, begann der irische Forscher John Tyndall bereits 1859 experimentell zu ergründen, welche thermischen Eigenschaften die wichtigsten Gase der Lufthülle haben. Es war ein visionäres Unterfangen: Für das menschliche Auge sind schließlich alle Bestandteile der Luft durchsichtig. Warum sollten also manche besser oder schlechter durchlässig für Wärmestrahlung sein als andere? In Tyndalls Experimenten zeigte sich jedoch, dass verschiedene Gase gewaltige Unterschiede aufweisen, wenn es darum geht, Wärme aufzunehmen und wieder abzugeben. Sauerstoff und Stickstoff stellten laut Tyndall kein Hindernis für Wärmestrahlung dar. Dafür erkannte er, dass Kohlendioxid und Ozon, aber auch Wasserdampf Wärme absorbieren und somit auf der Erde »festhalten«.[82] Wie wir heute wissen, ist Wasserdampf für mehr als die Hälfte des natürlichen Treibhauseffektes der Erde verantwortlich. Das ist auch der Grund dafür, weshalb die Temperatur in einer feuchten Sommernacht kaum fällt und trockene Wüstennächte eisig sein können.

An zweiter Stelle unter den Treibhausgasen, wenn man den Gesamteffekt auf die Erde betrachtet, rangiert bereits Kohlendioxid – das ist ziemlich beachtlich, wenn man bedenkt, dass CO_2, wie erwähnt, nur 0,04 Prozent des Volumens der Atmosphäre ausmacht. Es gab Zeiten in der Erdgeschichte, als dieser Gehalt viel höher war als heute. Vor rund 150 Millionen Jahren, als die Dinosaurier den Planeten dominierten, war der CO_2-Gehalt in der Atmosphäre beispielsweise fünfmal höher als heute. Kein Wunder, dass sie in einer eisfreien Welt lebten, wo selbst die Pole nicht gefroren waren und der Meeresspiegel deutlich höher war als heute.

Bisher waren die Schwankungen von CO_2 in der Atmosphäre stets natürlichen Prozessen unterworfen. Nun ist es zum ersten Mal in der Erdgeschichte so, dass eine einzige Spezies den Kohlendioxid-Kreislauf in kürzester Zeit empfindlich durcheinanderbringt. Der Erste, der das erkannte, war der schwedische Physiker und Chemiker Svante Arrhenius. Er gilt gewissermaßen als Begründer der Erforschung des anthropogenen Treibhauseffekts.

Man kann sich den jungen Arrhenius kaum anders als ein Wunderkind vorstellen: Mit drei Jahren soll er sich selbst das Lesen beigebracht haben, kurz darauf das Rechnen – und zwar, indem er seinen Vater beim Addieren und Multiplizieren von Zahlen beobachtete. Mit 17 Jahren nahm er das Studium der Physik auf. In seiner Doktorarbeit beschäftigte sich Arrhenius mit der elektrischen Leitfähigkeit von Salzlösungen. Das klingt zunächst unspektakulär, doch die Überlegungen wurden, wie im vierten Kapitel erwähnt, zur Inspirationsquelle für Fritz Haber, Gold aus den Weltmeeren zu gewinnen. Langfristig wichtiger an Arrhenius' Dissertationsschrift war allerdings, dass er darin 56 Thesen formulierte, die ihn zum Begründer der Physikalischen Chemie machten. An der Universität Stockholm waren seine Kollegen nicht besonders beeindruckt davon, und Arrhenius schaffte seine Defensio nur knapp. Dafür war ihm spätere Genugtuung beschieden: 1903 erhielt er für die Arbeit den Chemie-Nobelpreis.[83]

Gut ins Bild passt, dass sich Arrhenius in seinen späten Dreißigern keinem geringeren Problem zuwandte als den atmosphärischen Veränderungen durch die Menschheit und inwiefern diese das Klima beeinflussen. Für seine

Berechnungen hatte Arrhenius Ende des 19. Jahrhunderts freilich noch keine Computer zur Verfügung, er führte also komplexe Klimaberechnungen mühevoll per Hand durch. Dennoch kam er zum eindeutigen Resultat – der Kohlendioxidausstoß durch menschliche Aktivitäten bewegte sich schon zu diesem Zeitpunkt in der gleichen Größenordnung wie jener durch natürliche Vorgänge. Arrhenius erkannte: Das Verhalten der Menschen hat also Auswirkungen auf das Klima!

Durch das Verbrennen von Kohle, Erdöl und Erdgas wird über Millionen von Jahren eingelagertes CO_2 in wenigen Jahren in die Atmosphäre katapultiert. Die sogenannten fossilen Energieträger sind im Prinzip nichts anderes als über Äonen in der Erdkruste gespeicherte Sonnenenergie – denn letztlich geht ihr Energiegehalt auch auf photosynthetisierende Organismen zurück, die einst CO_2 aus der Atmosphäre zu energiereichen Kohlenstoffverbindungen umgewandelt haben. Und wie es aussieht, braucht der Mensch offenbar nicht mehr als ein paar Jahrhunderte, um den Jahrmillionen alten Energieschatz buchstäblich zu verheizen. Dabei werden freilich enorme Mengen von Kohlendioxid freigesetzt. Der Zeitpunkt, an dem das in großem Stil begonnen hat, ist der Beginn der Industriellen Revolution. Seither ist der Anteil von Kohlendioxid in der Atmosphäre um rund vierzig Prozent gestiegen.[84]

Bis heute bleiben die fossilen Energieträger unsere Hauptenergielieferanten: Rund achtzig Prozent der weltweit verbrauchten Energie geht auf die Verbrennung von Kohle, Erdöl und Erdgas zurück. Zwischen 2000 und 2011 wurden gar über neunzig Prozent des globalen CO_2-Ausstoßes durch das Verbrennen fossiler Energieträger verursacht.[85]

Es gibt klarerweise nur Abschätzungen dafür, wohin das zusätzlich von Menschen freigesetzte Kohlendioxid letztlich gelangt. Wissenschaftler gehen davon aus, dass zwischen 1870 und 2013 in etwa 28 Prozent des vom Menschen verursachten CO_2 von den Weltmeeren aufgenommen wurden, 29 Prozent wurden demnach von an Land lebenden Pflanzen verarbeitet. Der große Rest, nämlich 43 Prozent des vom Menschen emittierten Kohlendioxids, reicherte die Atmosphäre an.[86]

Da CO_2 in der Atmosphäre, wie erwähnt, die Aufgabe eines Thermostats zukommt, wirkt sich der Anstieg von Kohlendioxid klarerweise auf die Erdtemperatur aus. Zwischen 1880 und 2009 stieg die Temperatur der Erde im Mittelwert um über 0,9 Grad Celsius – ein vermeintlich kleiner Wert, jedoch mit großen Folgen: Der Planet ist heute wärmer als in den vergangenen tausend Jahren, womöglich sogar wärmer als in den zurückliegenden 120 000 Jahren.[87] Die Gletscher an den Polkappen und in hohen Lagen schmelzen, wodurch wiederum ein selbstverstärkender Prozess in Gang gesetzt wird: Ist weniger Oberfläche mit weißem Eis bedeckt, wird auch weniger Sonnenlicht reflektiert – es wird also noch wärmer, wodurch wiederum mehr Eis schmilzt.

Sind Treibhausgase wie CO_2 erst einmal in die Atmosphäre gelangt, verbleiben sie dort sehr lange. Denn die natürlichen Prozesse, durch die sie wieder gebunden werden, nehmen Jahrhunderte und Jahrtausende in Anspruch. Wenn industrielle Quellen ständig Kohlendioxid in die Atmosphäre befördern, wird diese rasch angereichert, und die Erdtemperatur steigt ohne Unterlass. Wie es Hans Joachim Schellnhuber, einer der weltweit führenden Klimaforscher, ausdrückt: »Es geht der Erde wie einem

Menschen, dem man immer mehr wärmeisolierende Kleidungsschichten aufzwingt, bis er an seiner eigenen Hitze zu leiden beginnt.«[88]

Seit Svante Arrhenius die menschlichen Eingriffe in das Erdklima erkannt hat, sind über hundert Jahre vergangen. Der Wissensstand der Klimaforschung ist seither um vieles detaillierter geworden und wurde tausendfach abgesichert. So wissen wir heute, dass der vorindustrielle Wert von Kohlendioxid in der Atmosphäre zwischen 180 ppmv und 280 ppmv schwankte, wobei ppmv für Millionstelanteil am Atmosphärenvolumen steht (engl.: parts per million in volume). Die Zahlen machen sichtbar, dass CO_2 nur in recht geringen Spuren in der Atmosphäre vorhanden ist – doch diese Spuren reichen für seinen enormen Einfluss auf das Klima. Umso bedenklicher ist es, dass seit Kurzem die 400-ppmv-Grenze von Kohlendioxid in der Atmosphäre überschritten worden ist.[89]

2018 war es eine weitschichtige Verwandte von Svante Arrhenius, die öffentlichkeitswirksam auf den enormen Handlungsbedarf in Sachen Klimaschutz hinwies: Greta Thunberg. Ihre wesentliche Botschaft lautet: Wir müssen die Erkenntnisse der Wissenschaft ernst nehmen und entsprechend handeln.

FRIDAYS FOR FUTURE

Die Klimaforschung hat lange den Ansatz verfolgt, aus Prognosen der wirtschaftlichen Entwicklung abzuleiten, wie viel Kohlendioxidausstoß künftig zu erwarten ist und wie sich das wiederum auf die Erdtemperatur auswirkt. Irgendwann hat den Forschern dann gedämmert, dass dieser Ansatz einigermaßen unsinnig ist, denn viel wichtiger, als wann die Katastrophe eintritt, ist doch eigentlich, wie wir sie verhindern könnten. Die Klimaforscher wählten daher einen sogenannten inversen Ansatz. Sie fragten sich:»Was ist es, was wir vermeiden wollen? Was sind die Emissionen, die noch verträglich sind?«[90]

Aus diesen Überlegungen ergab sich schließlich das sogenannte Zwei-Grad-Ziel. Die Empfehlung der Klimaforscher lautet, dass wir die Erderwärmung bis Ende des Jahrhunderts auf zwei Grad Celsius, besser noch auf 1,5 Grad Celsius gegenüber dem vorindustriellen Zeitalter begrenzen sollten, denn dann bewegen wir uns in jenem Korridor, innerhalb dessen sich die Spezies *Homo sapiens* entwickelt hat.

Zudem kann es bei einer Erderwärmung, die über zwei Grad Celsius liegt, zu sogenannten Kippeffekten kommen. Im Buch *The Tipping Point* beschreibt Malcolm Gladwell Schlüsselelemente in der Gesellschaft, in Unternehmen oder anderen Organisationen. Gladwell ist einer meiner Lieblingsautoren, und am Buch *The Tipping Point* hat mich sehr beeindruckt, wie er auf mitreißende und zugleich erhellende Weise beschreibt, wie etwa Hush Puppies plötzlich vom verstaubten Ladenhüter zum Trendschuh wurden, oder wie die Kriminalitätsrate in New York zu einem bestimmten Zeitpunkt drastisch zurückging. Die sogenannten Kipppunkte – wie ein paar New Yorker Kids, die plötzlich beginnen, Hush Puppies zu tragen, weil sie sonst niemand trägt – lösen weitreichende Veränderungen am Gesamtsystem aus. Hans Joachim Schellnhuber führte dieses Konzept in die Klimaforschung ein und identifizierte klimatische Kipppunkte, um zum Ausdruck zu bringen, dass Klimaveränderungen abrupt oder irreversibel sein können. Auch bei einem stetigen Anstieg der Temperatur kann es jenseits der zwei Grad Celsius zu drastischen, unkontrollierbaren Veränderungen kommen.[91]

Bei einer Erderwärmung von zwei Grad Celsius und mehr könnte es noch dazu zu einem selbstverstärkenden Treibhauseffekt kommen. Im Gegensatz zur Schneeball-Erde haben wir es in diesem Szenario mit dem eines sich selbst erhitzenden Kochtopfs zu tun.[92] Anlässlich dieser Entwicklungen fragen sich wohl viele:»Aber was könnte ich denn bloß als Einzelner tun?« Lassen wir dazu noch einmal Schellnhuber zu Wort kommen – und weil es eine immens wichtige Frage ist, nicht zu kurz:»Die Hoffnung liegt jetzt wirklich auf der Zivilgesellschaft. Jeder Einzelne kann viel tun: Man kann von heute auf morgen beschließen, weniger zu fliegen und stattdessen umweltfreundliche Reiseformen zu nutzen. Oder man kann die Ernährung umstellen, sich ein Elektroauto zulegen oder ein Fahrrad. Wenn ich von acht Tonnen CO_2 im Jahr auf sechs herunterkomme, habe ich schon etwas getan. Man kann sich auch mit anderen zusammentun, einen Ortsverband gründen oder sich der Fridays-for-Future-Bewegung anschließen. In einer Demokratie braucht die Politik die Zivilgesellschaft mehr als umgekehrt.«[93]

Mit diesen ermutigenden Worten darüber, was die Macht von jedem und jeder Einzelnen von uns betrifft, wollen wir uns zum Abschluss dieses Buches ansehen, welche Beiträge die Chemie für eine nachhaltige Zukunft liefern könnte.

KAPITEL 7

CHEMIE FÜR DIE KLIMAWENDE

Der menschengemachte Klimawandel ist das größte Problem, vor dem die Menschheit je gestanden ist. Seien es Ernteausfälle, Wetterextreme oder Migrationsströme – der Klimawandel hat viele Gesichter, und die Problemlage ist zu komplex, als dass die Krise mit einer einzigen Maßnahme gelöst werden könnte.

Gerade wenn man den Eindruck hat, vor einem unlösbaren Problem zu stehen, kann es lohnend sein, einen Blick zurück in die Geschichte zu werfen. Vor welchen Herausforderungen sind Menschen früher gestanden und wie haben sie darauf reagiert?

Begeben wir uns also auf eine Zeitreise in das Jahr 1894 und wenden uns jenem Thema zu, das für die Stadtplaner von damals als das größte globale Problem galt, wenn es um die wachsende Bevölkerung der Städte ging: Pferdemist. Da sich zu dieser Zeit jeder, der nicht zu Fuß gehen wollte, in die Kutsche setzte, stauten sich in den Metropolen der vorletzten Jahrhundertwende nicht nur die Pferdegespanne. Noch unangenehmer waren die übel riechenden Hinterlassenschaften der Vierbeiner, die sich auf den stark frequentierten Wegen türmten. Bis heute freuen sich französischsprachige Schauspieler darüber, wenn man ihnen vor der Aufführung sagt: »Je vous dis un très grand merde!« Wörtlich übersetzt wünscht man ihnen damit eine große Ladung Scheiße. Einst bezog sich das auf den Pferdemist, den die Kutschen vieler Zuschauer vor dem Theater hinterließen.

Über hundert Jahre später mutet es putzig an, sich über Pferdemist in der Stadtplanung Gedanken zu machen, aber damals galt es tatsächlich als das entscheidende Problem, das der Urbanisierung im Wege stand. So war in der britischen Zeitung *The Times* im Jahr 1894 zu lesen: »In 50 years, every street in London will be buried under nine feet of manure.«[94] Allein in London waren zu dieser Zeit rund 50 000 Pferde täglich im Einsatz, um Menschen durch die Stadt zu kutschieren.

Bei der ersten internationalen Konferenz von Stadtplanern 1889 in New York waren die Pferde in der Stadt das beherrschende Thema. Ursprünglich war der Kongress für zehn Tage angesetzt gewesen, doch da die Wissenschaftler keinen Ausweg aus dem Pferdemistproblem fanden, verkürzten sie ihre Zusammenkunft auf drei Tage – sie hatten sich schlicht nichts mehr zum Thema zu sagen. Der Pferdekot war übrigens nicht die einzige Herausforderung, denn die Transporttiere brauchten ja auch Ställe, Futter und Anbauflächen dafür.

Wie wir heute wissen, sind die Großstädte der Welt nicht unter Pferdemist verschüttet worden. Das Problem hat sich erübrigt, obwohl niemand eine maßgeschneiderte Lösung dafür gefunden hat. Das Mistaufkommen ging ganz von selbst zurück durch die revolutionäre Erfindung des Automobils. Unternehmern wie Gottlieb Daimler und Henry Ford ist zu verdanken, dass Autos für große Teile der Bevölkerung leistbar wurden. Das Problem des Pferdemists hat sich somit von selbst erledigt, doch die motorisierten Fahrzeuge hatten auch weniger angenehme, nicht beabsichtigte Nebeneffekte wie die Verschmutzung der Luft und die Dominanz der Kraftfahrzeuge in der Stadtentwicklung.

Das Pferdemistproblem steht exemplarisch dafür, dass sich zunächst unlösbar scheinende Herausforderungen mitunter von selbst erledigen können, wenn es eine bahnbrechende technologische Entwicklung gibt. Dabei fällt mir natürlich wieder der Begriff Game Changer ein, über den wir bereits zuvor einige Worte verloren haben. Doch was können wir daraus für die Klimakrise lernen? Nach allem, was wir heute über den Klimawandel wissen, ist er zu facettenreich und komplex, als dass wir darauf hoffen dürfen, dass seine lebensbedrohenden Risiken durch eine einzige Errungenschaft entschärft werden können. Es wird eine ganze Reihe großer, bahnbrechender Entwicklungen brauchen, um den Planeten dauerhaft in einer ähnlichen Weise wie heute bewohnen zu können. Der Chemie kommt dabei eine Schlüsselrolle zu – ist sie doch jener Forschungsbereich, der sich wie kein anderer mit CO_2, Erdöl oder Energie beschäftigt. Im Folgenden wollen wir einige teils futuristische Ansätze vorstellen, um menschliches Leben auf der Erde nachhaltig zu ermöglichen.

KÜNSTLICHE BLÄTTER

Wenn es um die Bekämpfung unseres klimaschädlichen Verhaltens geht, reicht es leider nicht, den Kohlendioxid-ausstoß dramatisch zurückzudrehen. Es gilt auch, die bisherigen CO_2-Emissionen wieder aus der Atmosphäre herauszubekommen. Eine geniale Erfindung, die das ermöglicht, hat jeder von uns schon tausendfach gesehen: Blätter!

Okay, aber was hat das jetzt mit chemischer Forschung zu tun? Wäre es nicht ziemlich revolutionär, wenn wir Photosynthese im Labor nachstellen könnten? Oder noch besser: ein marktfähiges Produkt für künstliche Blätter zu entwickeln? 2019 präsentierten Forscher der University of Waterloo in Ontario, der California State University in Northridge und der City University of Hong Kong eine Möglichkeit, Kohlendioxid in einer künstlich angelegten Photosynthese zu Methanol umzuwandeln.[95] Der Prozess funktioniert ähnlich wie jener, durch den Blätter Glucose herstellen, nur mit anderem Endprodukt.

In einem anderen Experiment ist es Forschern des Christian-Doppler-Labors für Erneuerbare Synthesegas-Chemie an der University of Cambridge gelungen, ebenfalls eine Art künstliches Blatt herzustellen, mithilfe dessen ein Gasgemisch erzeugt werden kann.[96] Dieses sogenannte Synthesegas besteht aus Wasserstoff und Kohlenmonoxid. Zahlreiche Produkte wie Brennstoffe oder Kunststoffe sowie Düngemittel lassen sich daraus herstellen. Der zugrunde liegende Prototyp des künstlichen Blatts ist ein mehrere Quadratzentimeter großes Blättchen, das nur wenige Millimeter dick und aus zahlreichen Schichten aufgebaut ist. Die Haltbarkeit beträgt derzeit nur wenige Tage, und die Effizienz liegt unter einem

Prozent, dennoch ist es ein vielversprechender Ansatz, mit dem künftig auf nachhaltigem Weg Energieträger erzeugt werden könnten.

Chemisch gesehen, gibt es auch noch andere Prozesse, um Kohlendioxid aus der Atmosphäre zu entnehmen, doch diese sind noch nicht im großen Stil wirtschaftlich relevant. Es wäre wünschenswert, aus der Luft gewonnenes CO_2 direkt für Produktionsprozesse in der chemischen Industrie einsetzen zu können. Es gibt beispielsweise Möglichkeiten, CO_2 zu recyceln, indem man daraus Polycarbonate herstellt. Weiters gibt es Ansätze, aus Kohlendioxid Pharmazeutika zu fertigen.

ENERGIE AUS WASSERSPALTUNG

Künstliche Blätter dienen auch als Inspirationsquelle für einen ganz anderen Anwendungsbereich: Autos. Denn eine geniale Möglichkeit, um Fahrzeuge zu betreiben, ist Wasserstoff. Das wäre sehr umweltfreundlich, denn bei der Verbrennung entsteht als Abfallprodukt nur Wasser, jedoch kein Kohlendioxid. Wasserstoff hat aber einen nicht unwesentlichen Haken: Im Gemisch mit Sauerstoff ist er hochexplosiv. Eine elegante Möglichkeit, die aber leider noch nicht auf den Straßen unterwegs ist, wäre, Wasser während der Fahrt zu spalten und daraus Wasserstoff zu gewinnen.

Der US-amerikanische Chemiker Daniel Nocera machte vor über zehn Jahren am Massachusetts Institute of Technology (MIT) eine Entdeckung in diese Richtung. Er nannte sie ebenfalls »artificial leaf«. Ihm ging es dabei allerdings nicht primär darum, der Luft CO_2 zu entziehen, sondern um die chemischen Prozesse der Umwandlung von Sonnenenergie.

Um das Prinzip dieses künstlichen Blatts zu verstehen, ist es hilfreich, sich noch einmal zu vergegenwärtigen, wie Photosynthese funktioniert. Die Ausgangsstoffe, die Blätter dafür benötigen, sind Sonnenlicht, Luft und Wasser. Noceras Ambition war es, mit genau diesen Ausgangsmaterialien zu starten und keine weiteren Hilfsmittel zu erlauben. Der Prototyp des künstlichen Blatts war vielversprechend, doch nach einigen Jahren Forschungstätigkeit stellte sich heraus, dass die Idee wirtschaftlich nicht realisiert werden kann.[97]

Wie auch immer es letztlich tatsächlich umgesetzt werden könnte, meine persönliche Idealvorstellung von einem PKW wäre jedenfalls ein Fahrzeug, das im laufenden Betrieb mittels Sonnenlicht Wasserstoff durch Wasserspaltung erzeugt.

SPINNRAD IM RÜCKWÄRTSGANG

Eine alte Dame, die am Spinnrad sitzt und einen Faden aus loser Schafwolle spinnt – so haben wir uns im fünften Kapitel dieses Buches die Herstellung von Kunststoffen vergegenwärtigt. Angesichts wachsender Müllberge und Kunststoffteppiche im Meer, die neben dem CO_2-Ausstoß zu den problematischsten Folgen menschlicher Aktivitäten für das Erdsystem zählen, stellt sich die Frage: Könnte der Prozess der Polymerisierung nicht auch wieder rückgängig gemacht werden? Tatsächlich gibt es bereits Möglichkeiten zur Depolymerisierung, wodurch Kunststoff wieder in seine Einzelteile zerlegt und zu anderen Molekülen zusammengesetzt werden kann. Man spricht dabei von chemischem Recycling. Ein Prozess, um das zu erreichen, ist die sogenannte thermische Depolymerisierung. Damit können verschiedenste Abfallprodukte wie auch Plastik in leichtes Rohöl umgewandelt werden. Unter enormem Druck und Hitze werden langkettige Polymere aus Kohlenstoff, Wasserstoff und Sauerstoff zu kurzkettigen Kohlenwasserstoffen zerlegt, die eine maximale Länge von etwa 18 Kohlenstoffatomen aufweisen. Somit werden geologische Prozesse im Labor nachgestellt, die einst die fossilen Brennstoffe hervorgebracht haben, die wir heute verwenden. Ein historischer Vorläufer dieses Verfahrens ist die im fünften Kapitel erwähnte Synthese von Franz Fischer und Hans Tropsch, mit der aus Kohle flüssige Kraftstoffe wie Benzin oder Diesel hergestellt werden können.

Es wäre natürlich ein bedeutsamer Durchbruch, wenn es einem oder mehreren Unternehmen gelingen würde, Plastik in großem Stil zu verarbeiten und daraus neue Kraftstoffe herzustellen. Wenn diese Kraftstoffe verbrennen würden, käme dadurch erneut Kohlendioxid in die Atmosphäre, was weniger wünschenswert ist. Vielleicht gelingt es Forschern aber eines Tages auch, ein Depolymerisierungsverfahren zu entwickeln, mit dem auf nachhaltige Weise Endprodukte hergestellt werden können, die auch langfristig keine für das Klima schädlichen Effekte haben.

EIN KNÖLLCHENBAKTERIUM MÜSSTE MAN SEIN

Eine der genialsten Erfindungen, die wir in diesem Buch diskutiert haben, ist die Ammoniaksynthese von Haber und Bosch. Man kann sich wohl kaum eine Reaktion vorstellen, die ähnlich revolutionär ist wie eine, die es ermöglicht, aus der Luft Brot zu gewinnen. Aber Moment: Bei aller Ehrfurcht vor dieser bahnbrechenden Entdeckung sollten wir nicht vergessen, dass das Haber-Bosch-Verfahren eine extrem energieintensive Angelegenheit ist. Könnten wir auch eine Möglichkeit der Ammoniaksynthese finden, die nicht einen beträchtlichen Teil des weltweiten Energieverbrauchs ausmacht?

Ich habe zuvor erwähnt, dass das Haber-Bosch-Verfahren jene Entdeckung ist, die ich selbst gerne gemacht hätte. Was ich aber noch lieber entdecken würde, ist eine Möglichkeit der Ammoniaksynthese aus Luftstickstoff, die weniger Energie verschlingt. Leider konnten wir Chemiker noch keine elegantere Methode finden als jene von Haber und Bosch. Es wäre die größte Revolution für die Lebensmittelproduktion seit über hundert Jahren, wenn es gelingen würde, bessere Katalysatoren zu entwickeln, die Stickstoff und Wasserstoff bei geringeren Temperaturen und weniger Druck reagieren lassen und dabei gleichzeitig zu einer größeren Menge von Ammoniak führen. Doch noch ist niemandem ein derartiger Durchbruch gelungen. Dabei gibt es auch dafür ein eindrucksvolles Vorbild in der Natur: Knöllchenbakterien. Wissenschaftler haben Dekaden damit verbracht, die Enzyme dieser Bakterien, die es ermöglichen, Stickstoff bei niedrigem Druck und Temperatur zu fixieren, im Detail zu erforschen. Doch bislang ist noch kein wirtschaftlich rentables Verfahren daraus hervorgegangen.[98]

Anlässlich des hundertjährigen Jubiläums des Haber-Bosch-Verfahrens schrieben Forscher einen Artikel darüber, wie sich die Welt durch diese Synthese verändert hat. Ihr Fazit lautet, dass »Nahrung und militärische Sicherheit die Hauptziele für Haber waren. Für uns muss aber mit Sicherheit die globale Umweltverträglichkeit der Antrieb für zukünftige Innovationen sein.«[99] Noch ist eine derartige Entdeckung aber leider nicht in Sicht.

SUCHE NACH DEM GAME CHANGER

Manche von Ihnen werden sich bei diesen Ideen vielleicht denken:»Was kann ich allein schon tun? Warum sollte ich mir Mühe geben? Es wird schon jemand Kluger kommen und eine Lösung für die Klimakrise finden.« Ich denke aber nicht, dass Forschung als Ausrede dafür zählen darf, faul zu sein. Wie wir skizziert haben, stehen wir vor vielfältigen Herausforderungen. Um sie künftig möglichst gut meistern zu können, braucht es nicht *entweder* die Anstrengungen des Einzelnen *oder* politische Entscheidungen *oder* wissenschaftliche Durchbrüche. Es braucht *sowohl* das eine *wie auch* alles andere – jedenfalls solange kein Game Changer in Sachen Klima in Sicht ist.

Auch wenn ich mir heute noch nicht vorstellen kann, wie so ein Game Changer aussehen könnte und ob es beim komplexen Problem Klimawandel überhaupt möglich wäre, einen solchen zu finden, hoffe ich sehr darauf. Es wäre doch schön, wenn künftige Generationen einmal genauso achselzuckend auf die Klimakrise zurückblicken können wie wir heute auf das Pferdemistproblem.

Die zuvor kurz vorgestellten Ideen sind nur eine kleine Auswahl von Ansätzen, mit denen die Chemie positive Beiträge zu Klima, Umwelt und einem besseren Leben für uns alle leisten kann. Die Anfänge der chemischen Industrie im 19. Jahrhundert hatten hauptsächlich mit Kohle und Erdöl zu tun – es stimmt mich sehr hoffnungsvoll, dass die Zukunft der Chemie in Bereichen liegt, die nicht weiter davon entfernt sein könnten.

Wenn ich zum Schluss noch einen Tipp abgeben darf, woher eine Game-Changing-Entdeckung für das Klima kommen könnte, muss ich nicht lange nachdenken: Serendipity. Wie schon erwähnt, haben die großen Sternstunden der Wissenschaft allzu oft mit einer Prise Glück und Zufall zu tun. Das Einzige, was man tun kann, um das Glück für einen großen Fund herauszufordern, ist, fruchtbare Bedingungen für die Grundlagenforschung zu schaffen, unter denen Wissenschaftler ohne Druck auf lukrative Anwendungen ihren Interessen nachgehen können. Denn wenn wir angetrieben durch pure Neugierde den Geheimnissen der Natur nachspüren, dürfen wir viel eher mit großen Entdeckungen rechnen, als wenn wir verkrampft danach suchen.

○ KAPITEL 8 ○

SCHÖNHEIT IN DER CHEMIE

Vielleicht ergeht es Ihnen nach diesem Streifzug durch die Chemie wie mir selbst, als ich die Organische Chemie vor zwanzig Jahren kennengelernt habe. Damals dachte ich mir: Das ist so schön, damit könnte ich mein Leben verbringen. Bis heute gibt es für mich starke Bezüge zwischen der Chemie und künstlerischem Schaffen, etwa dem Klavierspiel. Ich ertappe mich nicht selten dabei, dass ich plötzlich ein Musikstück im Ohr habe, wenn ich über ein Molekül in einer bestimmten Reaktion nachdenke. Im Laufe eines chemischen Prozesses steht ein und dasselbe Molekül für verschiedene Musikstücke, je nachdem, wie es sich gerade im Gesamtgefüge verhält.

Ästhetik spielt meinem Verständnis nach in der Chemie eine vielfältige Rolle. Chemiker haben sich sogar ein eigenes Konzept geschaffen, um zu beurteilen, wie schön oder hässlich eine Reaktion ist. Wie schon erwähnt, machen sich in Zeiten des Klimawandels natürlich auch Chemiker darüber Gedanken, wie sie nachhaltigere Beiträge für die Gesellschaft liefern können. Unter dem Schlagwort »Grüne Chemie« hat sich bereits ein eigener Forschungszweig entwickelt, der nach nachhaltigen chemischen Prozessen sucht. Ein Leitfaden dabei sind die zwölf Grundkriterien, die Paul Anastas und John C. Warner 1998 in ihrem Buch *Green Chemistry* formuliert haben.[100] Es geht dabei auch darum, ob chemische Reaktionen der Umwelt schaden oder welche Lösungsmittel verwendet werden könnten. Weiters ist in puncto Nachhaltigkeit natürlich relevant, ob eine Reaktion mit einer hohen Effizienz abläuft und wie viele und welche Abfallprodukte entstehen.

WIRTSCHAFTEN MIT MOLEKÜLEN

Ein Konzept, das damit in Verbindung steht und das mich selbst auch in meiner Forschung stark begleitet, ist die Atomökonomie. Grob gesagt, geht es dabei darum, wie sich mit Atomen wirtschaftlich umgehen lässt. Anders könnte man auch sagen, dass die Atomökonomie ein Maß für die Schönheit einer chemischen Reaktion ist. Ökonomie sagt jedem etwas, Atomökonomie leider nicht. Bisher ist das Konzept noch kaum außerhalb von Fachkreisen bekannt, und alle wichtigen Arbeiten dazu sind sehr spezifisch und kaum für Laien verständlich. Machen wir uns also auf in dieses noch recht neue, eher unbekannte Gebiet!

Es war im Jahr 1991, als der Chemiker Barry Trost das Konzept der Atomökonomie erstmals mit einer Publikation im Fachmagazin *Science* in die Chemie einführte.[101] Nach meinem Doktorat habe ich meinen Postdoc in seiner Gruppe an der Stanford University in Kalifornien absolviert. In dieser Zeit bin ich sehr vertraut geworden mit der Atomökonomie und kenne die Überlegungen dazu aus erster Hand.

Um zu verstehen, worum es dabei geht, ist es hilfreich, sich eine chemische Reaktion folgendermaßen vorzustellen: Wir wollen eine gewünschte Substanz C herstellen. Dazu lassen wir eine Substanz A und eine Substanz B miteinander reagieren. Als Abfallprodukt entsteht die Substanz D. Wir können unsere Reaktion also in folgender einfacher Formel aufschreiben:

Die Atomökonomie bietet uns nun ein Maß dafür, wie viele Atome von A und B in der Substanz C enthalten sind. Was wir wollen ist natürlich, dass möglichst viele Atome von A und B in C übergehen und nur sehr wenige in das Abfallprodukt D.

Wir Chemiker streben immer danach, neue Reaktionen zu finden, die, atomökonomisch betrachtet, sehr elegant sind. Elegant heißt hier nichts anderes, als dass wir mit größtmöglicher Effizienz die gewünschte Substanz C herstellen können, aber dabei möglichst wenige Abfallatome der Substanz D entstehen. Und das ist bei Weitem schwieriger, als es klingt!

In der chemischen Industrie hat sich die Atomökonomie leider noch nicht so stark durchgesetzt. Ein Grund dafür liegt darin, dass sehr atomökonomische Reaktionen oft solche sind, die nur im kleinen Maßstab unter sehr spezifischen Bedingungen funktionieren. Für die Arbeit in wissenschaftlichen Laboren ist das ideal. Doch in der Industrie will man chemische Reaktionen meist im großen Stil durchführen können. Eine atomökonomische Reaktion ist daher immer eine elegante Reaktion, aber nicht immer auch eine wirtschaftlich rentable. Allerdings findet im Moment ein Wandel statt, und atomökonomische Reaktionen gewinnen auch in der chemischen Industrie langsam an Bedeutung.

Für die Grüne Chemie spielt natürlich auch immer eine große Rolle, wie störend das Abfallprodukt D ist. Idealerweise kann man es in irgendeiner Form weiterverwenden, dann ist es nicht schlimm, wenn es in großen Mengen anfällt. Kann man nichts mehr mit dem Abfallprodukt anfangen, stellt sich die Frage, wie gut es gelagert werden kann oder ob es gar umweltschädlich ist.

VON ELEGANTEN UND WENIGER ELEGANTEN REAKTIONEN

Wenn man sich einige der klassischen Reaktionen der Organischen Chemie ansieht, die teilweise schon jahrzehntelang verwendet werden, fällt auf, dass manche von ihnen sehr atomökonomisch ablaufen, andere aber gar nicht – doch sie haben trotzdem ihre Berechtigung. Eine der atomökonomischen Reaktionen überhaupt ist die Diels-Alder-Reaktion. Ihre Entdecker Otto Diels und Kurt Alder wurden 1950 dafür mit dem Chemie-Nobelpreis ausgezeichnet. Bei dieser Reaktion wird ein Ring aus sechs Kohlenstoffatomen gebildet. Sie spielt bis heute eine besondere Rolle bei der künstlichen Herstellung von Naturstoffen wie dem weiblichen Sexualhormon Estradiol. Faszinierenderweise läuft die Diels-Alder-Reaktion zu hundert Prozent atomökonomisch ab: Alle Atome der Ausgangsprodukte sind im Endprodukt wiederzufinden, und es entstehen keine Abfälle. Leider ist das aber wirklich eine Ausnahme. Obwohl sie so elegant ist, wird die Diels-Alder-Reaktion sehr selten in der Industrie oder Pharmabranche verwendet. In der akademischen Wissenschaft ist sie aber sehr beliebt.

Ein krasses Gegenbeispiel ist die sogenannte Wittig-Reaktion. 1979, das Jahr in dem ich geboren worden bin, ist ihr Entdecker Georg Wittig ebenfalls mit dem Chemie-Nobelpreis ausgezeichnet worden. Diese Reaktion wird beispielsweise für die Synthese von Vitamin D verwendet und findet bis heute breite Anwendung in der chemischen Industrie. Doch aus atomökonomischer Perspektive ist sie äußerst unelegant. Die Reaktion funktioniert überhaupt nur, weil so viele Atome der Ausgangsstoffe A und B in das Abfallprodukt D übergehen und damit erst das Entstehen des gewünschten Produkts C ermöglichen. Dieses Abfallprodukt D weist noch dazu eine Phosphor-Sauerstoff-Doppelbindung auf, was eine extrem starke Bindung ist. In meiner Vorlesung frage ich die Studierenden manchmal: Was sind die drei größten Triebkräfte auf der Welt? Wenn ich ihnen meine Antwort sage, gibt es meistens viel Gelächter im Hörsaal: »Erstens, die Liebe zwischen Mann und Frau. Zweitens, die Liebe zwischen Mann und Geld. Drittens, die Liebe zwischen Phosphor und Sauerstoff.« Wie in jedem guten Scherz steckt auch hier ein Fünkchen Wahrheit drinnen.

Aufgrund der äußerst starken Phosphor-Sauerstoff-Doppelbindung lässt sich das Abfallprodukt D kaum weiterverwenden oder umwandeln. Die chemische Industrie stört das weniger. Ich persönlich frage mich aber bei dieser Reaktion immer, ob sich stattdessen nicht eine atomökonomischere Alternative entwickeln ließe.

Es gibt aber neben der Atomökonomie noch andere Möglichkeiten, die Eleganz einer Reaktion zu bewerten. Ein weiteres Kriterium ist beispielsweise, wie vieler Schritte es bedarf, um von einer Ausgangssubstanz zum gewünschten Produkt zu gelangen und wie viel Energie dafür notwendig ist. Wenn es möglich ist, aus einfachen Grundsubstanzen ein komplexes organisches Molekül wie einen Naturstoff aufzubauen, dann sprechen wir Chemiker dabei von einer Totalsynthese.

Dabei fällt mir eine unglaublich schöne Synthese meines Kollegen Dirk Trauner, ein gebürtiger Linzer, der nun an der New York University tätig ist, ein. Vor Kurzem ist ihm und seinem Team die Totalsynthese des Naturstoffs Preuisolactone A gelungen – und das in nur drei Schritten.[102] Das ist mit Sicherheit eine der schönsten Synthesen, die ich in den vergangenen Jahren gesehen habe. Wenn so eine neue Reaktion publiziert wird, denken sich wohl viele Chemiker und Chemikerinnen: »Das ist so einfach, warum habe ich nicht selbst daran gedacht?« Die Reaktion ist so elegant, dass die Natur wohl auch keinen besseren Weg dafür finden könnte, dieses Molekül herzustellen. Mein Dissertationsbetreuer hat bei solchen Synthesen immer gesagt, dass es darum gehe, die »Moleküle der Natur auf sanfte Weise zu verführen«: Ein Schritt führt ganz natürlich und spontan zum nächsten, ohne dass man viel Energie dafür aufwenden muss. Ich finde solche Prozesse einfach nur schön!

ANGST VOR ABSTRAKTION

Schönheit in der Chemie ist klarerweise eine subjektive Angelegenheit. Für mich persönlich gibt es jedenfalls starke Bezüge zwischen Kunst und Wissenschaft. Dabei verfolgen sie beide doch sehr unterschiedliche Ziele. Um das besser zu verstehen, ist es meiner Meinung nach hilfreich, sich die Welt in zwei Dimensionen vorzustellen: Es gibt einerseits das Konkrete: jene Dinge, die man angreifen kann – Moleküle, Kleidung, Möbel, Essen. Andererseits gibt es abstrakte Phänomene, die man nicht angreifen kann, wie Gefühle, Ideen, Gedanken. Letztere sind genauso real wie Erstere. Wenn ich beispielsweise über meine kürzlich verstorbene Mutter spreche, bin ich traurig – dieses Gefühl kann ich nicht anfassen, aber trotzdem ist es da.

Meist ist es so, dass die Künste vom Abstrakten inspiriert werden und daraus etwas Konkretes schaffen: Aus Ideen und Gefühlen entstehen Kunstobjekte, die man angreifen kann. Ein Musikstück lässt sich zwar nicht als solches in die Hand nehmen, aber man kann es immer neu interpretieren und kommt so in direkten Kontakt damit.

Die Wissenschaft wiederum verfolgt meist genau den umgekehrten Weg: Sie geht von konkreten Beobachtungen aus, beispielsweise wie ein Atom mit einem anderen reagiert, und schafft daraus abstrakte Theorien und Konzepte über chemische Bindungen im Allgemeinen. Die Wissenschaft ist, so gesehen, nichts anderes als die fortwährende Abstraktion unserer Alltagswelt.

Wenn man vom Konkreten und vom Abstrakten ausgeht, verfolgen Wissenschaft und Kunst entgegengesetzte Wege.

Womit sowohl die Wissenschaft wie auch die Kunst konfrontiert sind, ist, dass es viele Menschen gibt, die eine

Abneigung gegenüber Abstraktion haben. Ich denke auch, dass das der Grund ist, weshalb es viele Menschen gibt, die sich nicht für Wissenschaft interessieren – die wissenschaftlichen Ideen und Konzepte sind ihnen einfach zu abstrakt, sie können damit nichts anfangen.

Gefährlich wird es, wenn das Desinteresse gegenüber Wissenschaft in Wissenschaftsfeindlichkeit umschlägt. In seinem Buch *The Scientific Attitude* führt der Wissenschaftsphilosoph Lee McIntyre meiner Meinung nach sehr treffend aus, welche Verschwörungstheorien den Argumenten von Impfgegnern oder Klimawandelleugnern zugrunde liegen – und mit welchen Folgen.[103] Ich stimme McIntyre in seiner Analyse völlig zu, dass wir Wissenschaftler nicht häufig genug deutlich machen, dass es in der Wissenschaft nicht zentral darum geht, richtige Theorien zu präsentieren. Zentral für den wissenschaftlichen Fortschritt ist unsere Bereitschaft, die alten Theorien über Bord zu werfen, wenn wir neue Fakten haben, die gegen diese Theorien sprechen. Anders gesagt, sind wissenschaftliche Theorien immer mit einer gewissen Unsicherheit verbunden, die Wissenschaft erhebt nie den Anspruch, etwas endgültig zu beweisen.

Das ist es auch, was Wissenschaft von Verschwörungstheorien unterscheidet: Wissenschaftler machen sich darüber Gedanken, welche Fakten ihre Theorien zu Fall bringen würden, suchen gezielt danach und geben ihre Theorien – wenn nötig – auf. Anhänger von Verschwörungstheorien wollen hingegen nichts von Fakten wissen, die nicht in ihre Theorie hineinpassen. Sie sind nicht gewillt, ihre Verschwörungstheorien aufzugeben, selbst wenn ihnen Fakten gezeigt werden, die gegen diese Theorien sprechen.

Wenn wir an Ignaz Semmelweis zurückdenken, kommt es uns heute völlig absurd vor, dass er dafür angefeindet worden ist, Daten gesammelt zu haben, die einen Zusammenhang zwischen Kindersterblichkeit und Händewaschen der Ärzte offenlegten. An diesem Beispiel zeigt sich für mich deutlich, was Wissenschaft ist und was sie leisten kann: ein Korpus kollektiven Wissens, das von einigen Menschen gepflegt wird, das aber für alle offen steht und zum Nutzen aller eingesetzt werden soll. Genau das hat mich dazu inspiriert, dieses Buch zu schreiben.

DANK

David Rennert und **Daniel Kaiser** waren die Ersten, die dieses Manuskript gelesen haben – wir danken für ihre wertvollen Anregungen.

Weiters danken wir **Claudia Romeder** und dem Team des Residenz Verlags für die Unterstützung, eine vage Idee letztlich zwischen zwei Buchdeckeln zu realisieren. **Maria-Christine Leitgeb** sind wir für das umsichtige Lektorat dankbar. **Kathrin Gusenbauer** hat für die Welt der Moleküle, die wir in diesem Buch bereisen, eine eigene Bildsprache entwickelt – wir danken ihr für die anregende Zusammenarbeit. Dank gilt auch der gesamten **Maulide-Arbeitsgruppe** und Nunos **Studierenden** der Vorlesung Organische Chemie.

Dieses Buch ist Nunos Mutter **Ermelinda Xavier Daniel Dias Maulide** und Tanjas Vater **Wilhelm Traxler** gewidmet. Sie haben teilweise noch die Anfänge dieses Buches mitverfolgt, können aber das vollendete Werk leider nicht mehr in Händen halten. Besonderer Dank gilt unseren Familien, insbesondere **Adrijana Zrnic Dias Maulide, Ibraimo Maulide, Dalila Xavier Dias Maulide, Maulide Xavier Dias Maulide, Patricia Barbosa** und **Inge Traxler.**

LITERATUR

Aldersey-Williams, Hugh (2011): Das wilde Leben der Elemente. Eine Kulturgeschichte der Chemie. Aus dem Englischen von Friedrich Griese. Lizenzausg. München: Hanser.

Anastas, Paul T.; Warner, John Charles (2014, 2000): Green chemistry. Theory and practice. Oxford: Oxford University Press.

Atkins, Peter W. (2015): Chemistry. Oxford: Oxford University Press.

Birch, Hayley (2016): 50 Schlüsselideen Chemie. Berlin, Heidelberg: Springer (Spektrum Sachbuch).

Emsley, John (2008): Leben, lieben, liften. Rundum wohlfühlen mit Chemie. 1. Aufl. Weinheim: Wiley-VCH.

Ervine, Kate (2018): Carbon. Cambridge, UK: Polity Press.

Feil, Sylvia; Resag, Jörg; Riebe, Kristin (2017): Faszinierende Chemie. Eine Entdeckungsreise vom Ursprung der Elemente bis zur modernen Chemie. Berlin, Heidelberg: Springer.

Felixberger, Josef K. (2017): Chemie für Einsteiger. Berlin: Springer Spektrum.

Gladwell, Malcolm (2013 [2000]): The tipping point. How little things can make a big difference. Boston: Back Bay Books.

Kean, Sam (2012): Die Ordnung der Dinge. Im Reich der
Elemente. 2. Aufl. Hamburg: Hoffmann und Campe.

Kranz, Joachim; Kuballa, Manfred (2003): Chemie im
Alltag. 1. Aufl. Berlin: Cornelsen Scriptor.

Mädefessel-Herrmann, Kristin; Hammar, Friederike;
Quadbeck-Seeger, Hans-Jürgen (Hg.) (2006): Chemie
rund um die Uhr. Gesellschaft Deutscher Chemiker.
1. Nachdr. Weinheim: Wiley-VCH.

Mania, Hubert (2010): Kettenreaktion. Die Geschichte der
Atombombe. Reinbek bei Hamburg: Rowohlt.

May, Paul; Cotton, Simon (2014): Molecules That Amaze
Us. Hoboken: Taylor and Francis.

McIntyre, Lee (2019): Scientific Attitude: Understanding
What Is Distinctive about Science. Cambridge:
MIT Press.

Schellnhuber, Hans Joachim (2015): Selbstverbrennung.
Die fatale Dreiecksbeziehung zwischen Klima, Mensch
und Kohlenstoff. 1. Aufl. München: Bertelsmann.

Smil, Vaclav (2000): Feeding the world. A challenge for
the twenty-first century. Cambridge, Mass: MIT Press.

ENDNOTEN

1   Renn, Ortwin (2014): Das Risikoparadox. Warum wir uns vor dem Falschen fürchten. Frankfurt am Main: Fischer

2   Gigerenzer, Gerd (2004): Dread risk, September 11, and fatal traffic accidents. In: Psychological science 15 (4), S. 286–287

3   Vgl. Barbara Zehnpfennig:»Einführung«, in: Platon (2012): Symposion. Griechisch-Deutsch. Übersetzt und herausgegeben von Barbara Zehnpfennig. Hamburg: Felix Meiner Verlag, S. XI

4   Platon (2012): Symposion. Griechisch-Deutsch. Übersetzt und herausgegeben von Barbara Zehnpfennig. Hamburg: Felix Meiner Verlag, S. 51

5   Vgl. Barbara Zehnpfennig:»Einführung«, in: Platon (2012): Symposion. Griechisch-Deutsch. Übersetzt und herausgegeben von Barbara Zehnpfennig. Hamburg: Felix Meiner Verlag, S. XIV

6   Kean 2012, S. 22–23

7   Vgl. Abdelhamid, A. S., et al. (2018). Omega-3 fatty acids for the primary and secondary prevention of cardiovascular disease. Cochrane Database Syst Rev 7: Cd003177

8   Vgl. Feil et al. 2017, S. 172

9   Vgl.»WHO plan to eliminate industrially-produced transfatty acids from global food supply«, https://www.who.int/news-room/detail/14-05-2018-who-plan-to-eliminate-industrially-produced-trans-fatty-acids-from-global-food-supply, letzter Zugriff: 26. Oktober 2019

10 Vgl.»Trans Fats in Foods – A New Regulation for EU Consumers«, https://ec.europa.eu/food/sites/food/files/safety/docs/fs_labelling-nutrition_transfats_factsheet-2019.pdf, letzter Zugriff: 26. Oktober 2019

11 Österreichische Agentur für Gesundheit und Ernährungssicherheit: Acrylamid (2019), https://www.ages.at/themen/rueckstaende-kontaminanten/acrylamid/#, letzter Zugriff: 11. April 2019

12 Vgl. Feil et al. 2017, S. 146

13 Vgl. Moebus, Theresa (2015): Was ist Muskelkater?, Spektrum.de, https://www.spektrum.de/frage/was-ist-muskelkater/1379574, letzter Zugriff: 7. November 2019

14 Vgl. Mädefessel-Herrmann et al. 2006, S. 2

15 Vgl. Mädefessel-Herrmann et al. 2006, S. 4

16 Vgl. Emsley 2008, S. 10

17 Vgl. Emsley 2008, S. 31

18 Zur Bezeichnung pH-Wert kam es übrigens aus historischen Gründen:
Da der saure oder basische Charakter einer Lösung mit der Aktivität der
Wasserstoffionen zu tun hat, führte der Chemiker Søren Sørensen dafür die
Bezeichnung pH+ ein. Den Buchstaben p wählte er als zu messenden Index
und die Wasserstoffionen bezeichnete er mit H+. Aus der Schreibweise pH+
wurde im Laufe der Zeit der bis heute gängige pH-Wert.

19 Vgl. Day, Michaela J.; Hopkins, Katie L.; Wareham, David W.; Toleman, Mark
A.; Elviss, Nicola; Randall, Luke; Teale, Christopher; Cleary, Paul; Wiuff,
Camilla; Doumith, Michel; Ellington, Matthew J.; Woodford, Neil; Livermore,
David M.: »Extended-spectrum β-lactamase-producing Escherichia coli in
human-derived and foodchain-derived samples from England, Wales, and
Scotland: an epidemiological surveillance and typing study«, The Lancet
Infectious Diseases (2019), DOI: 10.1016/S1473-3099(19)30273-7

20 Vgl. OTS-Aussendung (2019): »WC-Report: Zwei von drei Personen waschen
sich die Hände mit Seife«, https://www.ots.at/presseaussendung/
OTS_20190503_OTS0029/wc-report-zwei-von-drei-personen-waschen-sich-
die-haende-mit-seife, letzter Zugriff: 7. November 2019

21 Vgl. Mädefessel-Herrmann et al. 2006, S. 118

22 Vgl. Mädefessel-Herrmann et al. 2006, S. 118

23 Vgl. https://www.gatesfoundation.org/How-We-Work/Quick-Links/
Grants-Database/Grants/2013/11/OPP1051898, letzter Zugriff:
19. Oktober 2019

24 Vgl. https://eur-lex.europa.eu/legal-content/DE/
TXT/?uri=celex%3A32008R1272, letzter Zugriff: 19. Oktober 2019

25 Vgl. Kantonales Laboratorium: »Nagellacke / Farbstoffe, Konservierungs-
mittel, Nitrosamine, Formaldehyd, Phenol, Ethyl pyrrolidone, Hydro-
chinone und Phthalate« (28. April 2017), https://www.kantonslabor.bs.ch/
berichte/non-food.html, letzter Zugriff: 19. Oktober 2019

26 Vgl. Emsley 2008, S. 35–36

27 Vgl. Emsley 2008, S. 36

28 Vgl. DiMasi JA, Grabowski HG, Hansen RA. Innovation in the pharmaceuti-
cal industry: new estimates of R&D costs. Journal of Health Economics 2016;
47: 20-33

29 Vgl.: O' Donovan, Daniel H.; Aillard, Paul; Berger, Martin; de la Torre, Aurélien; Petkova, Desislava; Knittl-Frank, Christian; Geerdink, Danny; Kaiser, Marcel; Maulide, Nuno (2018): »C–H Activation Enables a Concise Total Synthesis of Quinine and Analogues with Enhanced Antimalarial Activity«, Angewandte Chemie International Edition 57 (33)

30 Vgl. Woodward, Robert; Doering, William (1944): »The total synthesis of quinine«, J. Am. Chem. Soc., Band 66, S. 849

31 World Health Organization Africa: »Malaria vaccine launched in Kenya«, 13. September 2019, https://www.afro.who.int/news/malaria-vaccine-launched-kenya-kenya-joins-ghana-and-malawi-roll-out-landmark-vaccine-pilot, letzter Zugriff: 26. Oktober 2019

32 Vgl. Mädefessel-Herrmann et al. 2006, S. 58

33 Vgl. Mädefessel-Herrmann et al. 2006, S. 58

34 Vgl. Mädefessel-Herrmann et al. 2006, S. 58–59

35 Acetylsalicylsäure ist nicht nur besser verträglich als Salicylsäure, sie hat durch ihre Acetyl-Gruppe auch eine stärkere entzündungshemmende Wirkung.

36 Vgl. Mädefessel-Herrmann et al. 2006, S. 59

37 Vgl. May; Cotton 2014, S. 482–484

38 Vgl. May; Cotton 2014, S. 485

39 Vgl. »EU Action on Antimicrobial Resistance«, https://ec.europa.eu/health/amr/antimicrobial-resistance_en, letzter Zugriff: 27. Oktober 2019

40 Vgl. Economist (2019): »The antibiotic industry is broken«, https://www.economist.com/leaders/2019/05/04/the-antibiotic-industry-is-broken, letzter Zugriff: 7. November 2019

41 Vgl. Mobley, David L.; Dill, Ken A. (2009): Binding of small-molecule ligands to proteins: »what you see« is not always »what you get«. Structure 17 (4): 489–498; Verteramo, Maria Luisa; Stenström, Olof; Ignjatović, Majda Misini; Caldararu, Octav; Olsson, Martin A.; Manzoni, Francesco et al. (2019): Interplay between Conformational Entropy and Solvation Entropy in Protein-Ligand Binding. Journal of the American Chemical Society 141 (5): 2012–2026; Engelhardt, Harald; Böse, Dietrich; Petronczki, Mark; Scharn, Dirk; Bader, Gerd; Baum, Anke et al. (2019): Start Selective and Rigidify: The Discovery Path toward a Next Generation of EGFR Tyrosine Kinase Inhibitors. Journal of medicinal chemistry

42 Vgl. Erisman, Jan Willem; Sutton, Mark A.; Galloway, James; Klimont, Zbigniew; Winiwarter, Wilfried (2008): How a century of ammonia synthesis changed the world. In: Nature Geoscience 1 (10), S. 636–639. DOI: 10.1038/ngeo325

43 Vgl. Mania 2010, S. 72–73

44 Vgl. Smil 2000, S. xv

45 Vgl. Aldersey-Williams 2011, S. 29

46 Vgl. Aldersey-Williams 2011, S. 31

47 Vgl. Mädefessel-Herrmann et al. 2006, S. 4

48 Vgl. Smil 2000, S. xiii–xiv

49 Vgl. Smil 2000, S. xiv

50 Vgl. Smil 2000, S. xiv

51 Vgl. Smil 2000, S. xvi

52 Vgl. Queste, Bastien Y.; Vic, Clément; Heywood, Karen J.; Piontkovski, Sergey A. (2018): »Physical Controls on Oxygen Distribution and Denitrification Potential in the North West Arabian Sea«, Geophysical Research Letters 45 (9): 4143–4152

53 Vgl. Umwelt Bundesamt (2019): Indikator: Nitrat im Grundwasser, https://www.umweltbundesamt.de/indikator-nitrat-im-grundwasser#textpart-2, letzter Zugriff: 3. November 2019

54 Vgl. Sutton, Mark A. (Hg.) (2011): The European nitrogen assessment. Sources, effects, and policy perspectives. Cambridge: Cambridge University Press

55 Vgl. Birch 2016, S. 160

56 Vgl. Birch 2016, S. 18

57 Vgl. Mädefessel-Herrmann et al. 2006, S. 103

58 Vgl. Felixberger 2017, S. 554–555

59 Vgl. Fenzel, Birgit (2014): Patentlösung aus dem Einmachglas, Website des Max-Planck-Instituts für Kohlenforschung in Mülheim an der Ruhr, https://www.mpg.de/8355774/rueckblende_ziegler, letzter Zugriff: 5. Dezember 2019

60 Vgl. Fenzel, Birgit (2014): Patentlösung aus dem Einmachglas, Website des Max-Planck-Instituts für Kohlenforschung in Mülheim an der Ruhr, https://www.mpg.de/8355774/rueckblende_ziegler, letzter Zugriff: 5. Dezember 2019

61 Vgl. Merton, Robert King; Barber, Elinor G. (2006): The travels and adventures of serendipity. A study in sociological semantics and the sociology of science. Princeton, NJ: Princeton Univ. Press

62 Vgl. Maulide Nuno (2014). In: Angew. Chem. Int. Ed. 53 (31), S. 7984

63 Vgl. Fenzel, Birgit (2014): Patentlösung aus dem Einmachglas, Website des Max-Planck-Instituts für Kohlenforschung in Mülheim an der Ruhr, https://www.mpg.de/8355774/rueckblende_ziegler, letzter Zugriff: 5. Dezember 2019

64 Zitiert nach Fenzel, Birgit (2014): Patentlösung aus dem Einmachglas, Website des Max-Planck-Instituts für Kohlenforschung in Mülheim an der Ruhr, https://www.mpg.de/8355774/rueckblende_ziegler, letzter Zugriff: 5. Dezember 2019

65 Vgl. Fenzel, Birgit (2014): Patentlösung aus dem Einmachglas, Website des Max-Planck-Instituts für Kohlenforschung in Mülheim an der Ruhr, https://www.mpg.de/8355774/rueckblende_ziegler, letzter Zugriff: 5. Dezember 2019

66 Zitiert nach Fenzel, Birgit (2014): Patentlösung aus dem Einmachglas, Website des Max-Planck-Instituts für Kohlenforschung in Mülheim an der Ruhr, https://www.mpg.de/8355774/rueckblende_ziegler, letzter Zugriff: 5. Dezember 2019

67 Vgl. Emmerich, Maren (2014): Kaffee auf Entzug, Website des Max-Planck-Instituts für Kohlenforschung in Mülheim an der Ruhr, https://www.mpg. de/8363989/rueckblende_zosel, letzter Zugriff: 5. Dezember 2019

68 Vgl. Emmerich, Maren (2014): Kaffee auf Entzug, Website des Max-Planck-Instituts für Kohlenforschung in Mülheim an der Ruhr, https://www.mpg. de/8363989/rueckblende_zosel, letzter Zugriff: 5. Dezember 2019

69 Vgl. Emmerich, Maren (2014): Kaffee auf Entzug, Website des Max-Planck-Instituts für Kohlenforschung in Mülheim an der Ruhr, https://www.mpg. de/8363989/rueckblende_zosel, letzter Zugriff: 5. Dezember 2019

70 Vgl. Felixberger 2017, S. 554

71 Vgl. Felixberger 2017, S. 554

72 Vgl. Lebreton, L.; Slat, B.; Ferrari, F.; Sainte-Rose, B.; Aitken, J.; Marthouse, R. et al. (2018): Evidence that the Great Pacific Garbage Patch is rapidly accumulating plastic. In: Scientific reports 8 (1), S. 4666

73 Vgl. Schellnhuber 2015, S. 35

74 Vgl. Schellnhuber 2015, S. 36

75 Vgl. Schellnhuber 2015, S. 72

76 Vgl. Feil et al. 2017, S. 100

77 Vgl. Feil et al. 2017, S. 100-101

78 Vgl. Feil et al. 2017, S. 101

79 Vgl. Feil et al. 2017, S. 101

80 Vgl. Feil et al. 2017, S. 267

81 Vgl. Schellnhuber 2015, S. 39

82 Vgl. Schellnhuber 2015, S. 40

83 Vgl. Schellnhuber 2015, S. 44-45

84 Vgl. Feil et al. 2017, S. 103

85 Vgl. Ervine 2018, S. 14

86 Vgl. Schellnhuber 2015, S. 79

87 Vgl. Schellnhuber 2015, S. 81

88 Vgl. Schellnhuber 2015, S. 27

89 Vgl. Schellnhuber 2015, S. 53

90 Vgl. Traxler, Tanja (2019): »Wir verbrennen das Buch des Lebens«. Interview mit dem Klimaforscher Hans Joachim Schellnhuber. In: DER STANDARD, 27.11.2019, S. 18–19. Online verfügbar unter: https://www.derstandard.at/story/2000111534109/klimaforscher-schellnhuber-wir-verbrennen-das-buch-des-lebens, letzter Zugriff: 14. Dezember 2019

91 Vgl. Schellnhuber 2015, S. 475 ff; Traxler, Tanja (2019): »Wir verbrennen das Buch des Lebens«. Interview mit dem Klimaforscher Hans Joachim Schellnhuber. In: DER STANDARD, 27.11.2019, S. 18–19. Online verfügbar unter: https://www.derstandard.at/story/2000111534109/klimaforscher-schellnhuber-wir-verbrennen-das-buch-des-lebens, letzter Zugriff: 14. Dezember 2019

92 Vgl. Steffen, Will; Rockström, Johan; Richardson, Katherine; Lenton, Timothy M.; Folke, Carl; Liverman, Diana et al. (2018): Trajectories of the Earth System in the Anthropocene. In: Proceedings of the National Academy of Sciences of the United States of America 115 (33), S. 8252–8259. DOI: 10.1073/pnas.1810141115

93 Vgl. Traxler, Tanja (2019): »Wir verbrennen das Buch des Lebens«. Interview mit dem Klimaforscher Hans Joachim Schellnhuber. In: DER STANDARD, 27.11.2019, S. 18–19. Online verfügbar unter: https://www.derstandard.at/story/2000111534109/klimaforscher-schellnhuber-wir-verbrennen-das-buch-des-lebens, letzter Zugriff: 14. Dezember 2019

94 »In 50 Jahren wird in London jede Straße unter neun Fuß (274 Zentimeter, Anm.) Mist begraben sein.« (Eigene Übersetzung, zitiert nach Johnson, Ben (2015): »The Great Horse Manure Crisis of 1894«, in Historic UK, https://www.historic-uk.com/HistoryUK/HistoryofBritain/Great-Horse-Manure-Crisis-of-1894/ (letzter Zugriff: 19. September 2019))

95 Vgl. Wu, Yimin A.; McNulty, Ian; Liu, Cong; Lau, Kah Chun; Liu, Qi; Paulikas, Arvydas P. et al. (2019): Facet-dependent active sites of a single Cu_2O particle photocatalyst for CO_2 reduction to methanol. In: Nature Energy 4 (11), S. 957–968

96 Vgl. Andrei, Virgil; Reuillard, Bertrand; Reisner, Erwin (2019): Bias-free solar syngas production by integrating a molecular cobalt catalyst with perovskite-BiVO4 tandems. In: Nature materials.

97 Vgl. van Noorden, Richard (2012): ›Artificial leaf‹ faces economic hurdle. In: Nature 334, S. 645

98 Atkins 2015, S. 69

99 Erisman, Jan Willem; Sutton, Mark A.; Galloway, James; Klimont, Zbigniew; Winiwarter, Wilfried (2008): How a century of ammonia synthesis changed the world. In: Nature Geoscience 1 (10), S. 639

100 Vgl. Anastas und Warner 2014

101 Vgl. Trost, B. M. (1991): The atom economy – a search for synthetic efficiency.
In: Science 254 (5037): 1471–1477. DOI: 10.1126/science.1962206

102 Vgl. Novak, Alexander J. E.; Grigglestone, Claire E.; Trauner, Dirk (2019):
A Biomimetic Synthesis Elucidates the Origin of Preuisolactone A.
In: Journal of the American Chemical Society 141 (39), S. 15515–15518

103 Vgl. McIntyre 2019